Landmaschinen

LAND
MASCHINEN
Geschichte · Technik · Typen

Albert Mößmer

Weltbild

Genehmigte Lizenzausgabe für Verlagsgruppe Weltbild GmbH,
Steinerne Furt, 86167 Augsburg
Copyright © 2007 by GeraMond Verlag GmbH, München
Produktmanagement: Martin Distler
Schlussredaktion: Jarina Glatzeder
Umschlaggestaltung: Uhlig, Augsburg / www.coverdesign.net
Umschlagmotive: Hauptmotiv vorn: Schwader Typ Liner 880 (Claas); Mitte links: Pferd mit Pflug (aus: Die Landwirtschaft/
Band 1, Hrsg: Dr. Leopold Schindler); Mitte: Sämaschine Citan u. Challenger-Traktor (Amazone); rechts, freigestellt:
Dechentreiter Dreschmaschine (Dechentreiter); unten: Karrenpflug der Firma Rud (Sammlung A. Mößmer);
Hinten oben: Wisent Sammelroder (Hagedorn); links: Erntemeister E 527 (Martin Voigt / Pixelio); Mitte: Claas Traktor (Claas);
rechts: Fahr Gabelheuwender (Deutz-Fahr)
Herstellung: Thomas Fischer
Gesamtherstellung: Firmengruppe APPL, aprinta druck, Wemding
Printed in the EU
ISBN 978-3-8289-5420-5

2013   2012   2011   2010
Die letzte Jahreszahl gibt die aktuelle Lizenzausgabe an.

Einkaufen im Internet: *www.weltbild.de*

Vorwort

Vor ungefähr 11.000 Jahren setzte ein einschneidender Wandel der menschlichen Lebensumstände in Europa und im Nahen Osten ein. Die Menschen, die zuvor ihre Nahrung durch das Jagen von Tieren und das Sammeln von essbaren Pflanzen gewannen, ließen sich in Dörfern oder in einzelnen Gehöften nieder, um Vieh zu züchten und den Boden zu bebauen. Die „Neolithische Revolution", wie dieses Ereignis genannt wird, nahm ihren Anfang in den Gebieten des „fruchtbaren Halbmonds", der sich von Mesopotamien, also dem Gebiet zwischen den Flüssen Euphrat und Tigris, über Syrien und Israel bis Ägypten erstreckt, und breitete sich von dort während der folgenden Jahrtausende nach Europa aus.

Aber der Landbau war keine einfache Arbeit. Den biblischen Spruch „Im Schweiße deines Angesichts sollst du dein Brot essen.", konnte jeder in der Landwirtschaft Tätige bis in die jüngste Zeit aus eigener Erfahrung nachvollziehen. Kein Wunder, dass die Menschen ihren Erfindungsreichtum einsetzten, um sich die Arbeit mit Hilfe von Maschinen zu erleichtern. Anfangs waren es einfache Konstruktionen wie der „Gallische Mäher" zur Römerzeit; später beschleunigte sich dann die Weiterentwicklung der Gerätschaften mit den Möglichkeiten der industriellen Revolution, und heute sind es oft Hightech-Maschinen, mit denen die Arbeit bei der Ernte und Feldbestellung – oft mit unglaublicher Geschwindigkeit – erledigt wird.

Dieses Buch gibt einen Überblick über die faszinierende Welt der Landmaschinen. Der erste Teil skizziert die Entwicklung der Landmaschinen von den Anfängen in der Antike bis zur hochtechnisierten Gegenwart. Der zweite Teil behandelt die Landmaschinenhersteller. Dabei handelt es sich um eine Auswahl: Neben den ganz großen Produzenten, wie John Deere, Case New Holland, AGCO, Claas und Amazone, finden sich in diesem Teil auch kleinere Hersteller, beispielsweise Epple & Buxbaum und Bautz, die früher zum Teil Marktführer waren und heute vor allem von regionalem beziehungsweise von historischem Interesse sind. Im dritten Teil des Buches geht es schließlich um die Landmaschinen selbst, um Pflüge, Pressen, Mähdrescher und etliches mehr. Behandelt werden die Technik, aber auch die Entwicklung der wichtigster Maschinen.

Dieses Buch hätte ich nicht ohne fremde Hilfe schreiben können. Bedanken möchte ich mich deshalb bei allen Unternehmen und Personen, deren Bildmaterial ich freundlicherweise benutzen durfte und die mir darüber hinaus mit Rat und Tat zur Seite standen.

Albert Mößmer, im Oktober 2007

Geräte und Maschinen

Geschichte
der Landtechnik

Das Säen war ein Vorgang, der seit Jahrhunderten fast unverändert blieb. Aus einer Legeschürze oder Legewanne wurde das Saatgut mit der Hand ausgeworfen.

Landbestellung in der Antike

Landmaschinen sind mechanische Apparate, die in der Landwirtschaft zur Bearbeitung, Bestellung und Abernten des Bodens sowie zur Verarbeitung der geernteten Produkte zu Futter, marktfähiger Ware oder zu Saatgut benutzt werden. Die folgenden Kapitel führen uns durch die Entwicklung der Arbeitsgeräte zur Feldbestellung. Auf spezielle Anwendungsformen wie etwa in der Milchwirtschaft oder im Hofbetrieb kann aus Platzgründen nicht eingegangen werden.

Getreideanbau und Viehwirtschaft waren in ersten Urformen den Menschen schon in vorhistorischer Zeit bekannt. Meist waren die beiden

Die älteste Pflugform war das Krummholz, ein ausgewähltes Baumast, der so bearbeitet war, dass ein Widerhaken das Erdreich aufwarf. An dem Ast befanden sich Griffe zum besseren Ziehen.

Produktionszweige getrennt. Die Nomaden zogen mit ihren Tieren durch die Welt, die sesshaften Bauern bestellten ihre Felder und bauten Dörfer auf. Das Handwerkszeug unserer frühen Vorfahren bestand lediglich aus einem hölzernen Stock, dem Grabstock, und einer Hacke.

Der Grabstock war nichts anderes als ein angespitztes Stück Holz, mit dem man Löcher in den Boden grub. Da diese primitiven Geräte aus Holz gefertigt wurden, konnten Archäologen nur selten ihre Verwendung, geschweige denn deren Datierung nachweisen. Mit zunehmender Verfeinerung wurde die Form etwas angepasst und die Spitze behandelt, um sie vor schnellem Verschleiß zu schützen.

Oft war der Boden zu fest, um Löcher oder Rillen in ihn einzuarbeiten. Deshalb war es nötig, ein Werkzeug zu erfinden, das zur Auflockerung des Erdreichs wirksam eingesetzt werden konnte. Das Geistesprodukt findiger Köpfe war die Harke, von vielen auch Hacke, Krampen oder Haue genannt. Mit diesem Werkzeug konnte man das Feld lockern und für die Saat vorbereiten.

In der ersten Zeit war das Schlagblatt aus Stein, später wurden metallische Werkstoffe verwendet. Der Stiel blieb aus stabilem, aber flexiblem Holz. Härteres Erdreich musste mit einer Spitzhacke bearbeitet werden, für lockerere Böden konstruierte man breitere Schlagblätter. Es gab auch Formen mit schmalen Zinken, aus denen sich der Rechen entwickelte. Es ist hier nicht möglich, all die vielfältigen Bauformen dieses Werkzeugs aufzuzählen. Im Prinzip sind die antiken Hacken wie die heute noch erhältlichen Äxte und Gartenhacken gefertigt worden. Die Hacke war jahrhundertelang das wichtigste Arbeitsgerät bei der Feldbestellung und wurde traditionell als Symbol der Bauern verstanden, bis die Mistgabel zum typischen Kennzeichen stilisiert wurde.

In manchen Gegenden der Welt, in denen der einfache Gespannpflug zu teuer ist, findet man noch heute Bauern, die ihre Felder mit Hacken bewirtschaften.

Der Pflug war schon bei den frühen Hochkulturen des vorderen Orients bekannt. Archäologische Funde weisen den Gebrauch von Pflügen bereits seit Mitte des fünften Jahrtausends vor Christi Geburt nach. Diese Gerätschaften waren noch primitiv und wurden von den Menschen selbst gezogen. Im deutschsprachigen Raum siedelte um 5500 v. Chr. die sogenannte Linienbandkeramische Kultur, benannt nach den bänderartigen Verzierungen der Tongefäße. Es war die Steinzeit, weswegen es nicht verwundert, dass die Arbeitsgeräte dieser als erste Ackerbauern Mitteleuropas angesehenen Menschen steinerne Sicheln waren. Sie pflanzten bereits Getreide und Hülsenfrüchte und besaßen schon Pflugkonstruktionen, die in Joch und Geschirr laufende Ochsen zogen. Doch waren diese Pflüge zunächst nur zugespitzte Äste, die weder Schar, noch andere, heute grundlegende Bestandteile eines Pflugs besaßen. Die Arbeit blieb daher sehr anspruchsvoll und ermüdend. Bis fast in die Neuzeit hinein reichte die Nutzungszeit solcher Pflüge. Der „Pflug von Walle", den 1927 ein Landarbeiter in Walle (Aurich) beim Torfstechen entdeckte und der als ältester Fund dieser Art in Europa gilt, wird immerhin mindestens auf das zweite Jahrtausend vor Christi Geburt datiert. Man hatte Eiche als Material verwendet.

Dabei hatten schon in der Antike wichtige Erfindungen den Pflug verbessert. Bereits bei den Griechen stößt man auf das Vordergestell. Der Triumph der antiken Landwirtschaft gelingt jedoch den Römern. Ihnen war bereits das Streichbrett bekannt, ja sogar verschiedene Räderpflüge (lat.: aratrum) komplett mit Schar und Streichbrett wurden auf ihren Landgütern eingesetzt. Überhaupt

Pflug-Gottheiten

Die antiken Völker hatten auch ihre besonderen Pflug-Gottheiten. Bei den Römern war dies Jupiter dapalis, genannt der Frühlingspflüger. Die Nordmänner verehrten ihre Gefion, die Geberin. Man opferte den Göttern Feldfrüchte als Opfergaben. Doch auch das Christentum, das ja sehr viele heidnische Bräuche umwandelte und weiterführte, hatte seine Pflugriten. Büßer stifteten der Kirche kleine silberne Pflüge, später dann geschmiedete kleine Kunstwerke, die oftmals von Heiligenfiguren begleitet wurden. Neue Pflugscharen wurden auf Bittgängen mitgenommen und gesegnet.

Ein Gesetz stellte den Diebstahl eines Pfluges mit Kirchenraub gleich. Das Pflügen wurde als sakrale Aufgabe angesehen. Wer während dieser Arbeit frevelte, der sollte nach seinem Tod als Wiedergänger, Irrlicht oder als furchterregender glühender Pflüger sein Unwesen treiben. Solcher finsteren Dämonen konnte man sich durch die heilige Furche erwehren. Dass der Pflug seit Alters her als Symbol des Friedens gilt, zeigt ein Bibelspruch, der später zum Leitmotiv der Friedensbewegung wurde: „Schwerter zu Pflugscharen" (Micha 4,3).

hatten die alten Römer – dem Lateinschüler ein Ärgernis – eine Egge (lat.: occa), Hacken (lat.: ligo, sarculum), die Schaufel (lat.: betillum), eine Walze (lat.: medula) und einige andere Gerätschaften für das Bestellen ihrer Felder zur Verfügung. Sogar das Dreschen, das bei

Eine Schlaghacke war im Mittelalter das klassische Kennzeichen des Bauernstandes. Mit ihr konnte der Boden gelockert werden.

Diese Grafik zeigt die Arbeitsweise des Pfluges beim Pflügen des Ackers. Wir fahren von vorn ins Bild hinein. Der Erdbalken wird aufgenommen und seitlich umgeworfen.

Gebräuche rund ums Pflügen

Während der Landwirt heute seine Arbeit primär nach dem Wetter richtet, hatten die Bauern des Mittelalters Regeln zu beachten, die genau festlegten, wann gepflügt werden durfte und wann nicht. So durfte an folgenden Tagen des christlichen Kalenders nicht gepflügt werden: Markustag, Dreifaltigkeitssamstag, Mariä Heimsuchung und am 20. Oktober, dem Tag des heiligen Wendelin, dem Schutzpatron der Viehhirten. Es war verboten zu pflügen, solange eine Leiche im Haus aufgebahrt war, und im ganzen Dezember.

uns noch jahrhundertelang, mit Dreschflegeln mühsam und ungesund angesichts des Staubes, per Hand ausgeführt als eine der unangenehmsten bäuerlichen Tätigkeiten galt, hatten sie bereits in sehr geschickter Weise weiterentwickelt: Ihre Dreschmaschine präsentierte sich entweder als ein von Ochsen über das Getreide gezogenes, unten raues Brett, das der Führer mit seinem Gewicht vermehrte, oder als Schlitten mit unten gezahnten und gezackten Brettern.

Die alten Germanen waren mehr dem Jagen und der Viehzucht zugetan. Den relativ geringen Feldanbau mussten die Frauen

So stellte sich der bekannte fränkische Grafiker Rudolf Schiestl den Feierabend einer Bauernfamilie vor (um die Wende zum 20. Jahrhundert). Man erkennt die verschiedenen Hacken, im Vordergrund ein Sühnekreuz, hinten bereits blattlose Bäume.

und Sklaven verrichten. Das raue Klima und die Sitte, die Landfläche alljährlich neu zu verteilen, verhinderten zudem einen effektiven Ackerbau.

Warum muss der Boden überhaupt gelockert werden? Dafür gibt es mehrere Gründe. Zum einen ist es nötig, das Saatgut ein paar Zentimeter unter die Erdoberfläche zu bringen, damit es aufgehen kann. Dann ist es wichtig, die Bodenflora und den Wasserhaushalt anzuregen. Beides geschieht am besten bei lockerem Boden. Schließlich ist das Umgraben auch ein Mittel zur Unkrautvertilgung. Was vor Tausenden von Jahren wichtig war, gilt noch heute: Ein gut vorbereiteter Boden sichert eine bessere Ernte.

Entwicklung im Mittelalter

Das Bild des mittelalterlichen Bauern wird am deutlichsten in der berühmten „Ständepyramide": Oben sitzt der König, darunter versammeln sich die Kronvasallen (Herzöge, Grafen, hohe Geistlichkeit), denen die Untervasallen (Ritter, Ministeriale, Äbte) folgen. Ganz unten am Fuße der Pyramide stehen die meisten Menschen, zu denen vor allem die Bauern gehörten, die im Mittelalter den überwältigenden Teil der Bevölkerung stellten.

Ursprünglich waren die fränkischen Bauern frei. Sie hatten lediglich dem Willen der Dorfgemeinschaft zu folgen und mussten zum Kriegsdienst einrücken. Doch die wirtschaftlichen Gegebenheiten führten schließlich zum Lehnswesen. Es war Karl der Große, der in seinem Reformenkatalog in der Landwirtschaft einen starken Schwerpunkt setzte. Durch die Anlage zahlreicher königlicher Villen mit vorbildhaften Musterwirtschaften, aber auch durch scharfe und hilfreiche Gesetze nahm er auf die Entwicklungen bis ins kleinste Detail starken Einfluss. Letztlich aber bedeutete das Lehnssystem, auf dem die Landverteilung nun beruhte, für die bis dahin freien Bauern meist Sklaverei und Leibeigenschaft. Die zunächst positiven Impulse kehrten sich bald ins Gegenteil um und wurden zum Grund der Unterdrückung der Bauern, die sich durch das ganze Mittelalter ziehen sollte.

Den Arbeitsrhythmus auf den Feldern gab wie schon seit Jahrhunderten der Wechsel der Jahreszeiten vor. Unsere Abbildung aus der Zeit um 800 n. Chr. – der Zeit Karls des Großen – zeigt diesen Ablauf. Für uns interessant sind jedoch vor allem die Gerätschaften, die man hier erkennen kann. Im Juni wird mit einem von zwei Ochsen gezogenen Werkzeug das Feld gepflügt. Man erkennt, wie der Landmann oben am Schaft zieht, um das Eintauchen der Pflugschar in den Boden zu kontrollieren. Die Ochsen hatten das Gerät mit einer Halsschlinge zu ziehen, die sich natürlich bei höheren Zuglasten zuzog und den Tieren den Atem raubte. Der Juli zeigt einen Mann mit Sense beim Grasmähen. Das Getreide hingegen wurde mit der Sichel geerntet. Sowohl die Aussaat im September, als auch die Weinlese im Oktober fanden per Hand statt.

Über dreihundert Jahre liegen zwischen dieser Abbildung und der Buchmalerei aus dem 12. Jahrhundert auf Seite 14. Das Getreide wird immer noch mit Sicheln geerntet und per Hand zu Garben gebunden. Diese Aufgaben wurden sehr häufig von Frauen verrichtet. Die Aufbereitung des Bodens geschah mit dem Rechen, der die Arbeiten des Grubbers und der Egge übernahm. Gesät wurde immer noch aus der Hand, das Saatgut lag – wie schon viele Jahre zuvor – in der Schürze oder in einem Kasten. Besonders wichtig war auch der Spaten. Er erledigte bei ärmeren Bauern Aufgaben, die sonst dem Pflug oblagen.

Wie in vielen anderen Bereichen der Zivilisation war das europäische Mittelalter auch in der Landtechnik hinter den Stand

der Römerzeit zurückgefallen. So wurden Streichbretter aus Holz erst im Spätmittelalter verwendet. An dieser Materialwahl änderte sich bis ins 18. Jahrhundert hinein kaum etwas. Welch große Nachteile es mit sich brachte, hier Holz zu verwenden, zeigt ein Vergleich mit dem damals agrartechnisch weiterentwickelten China. Dort wurden schon im dritten Jahrhundert v. Chr. eiserne Pflugscharen hergestellt. Schon zu jener Zeit gab es in China vier Arten von Streichbrettern, die ohne Reibung in die Pflugschar übergingen und den Boden

Diese Buchmalerei aus der Salzburger Benediktiner- abtei St. Peter stammt von 809. Sie zeigt die Arbeiten, die in den jeweiligen Mona- ten zu leisten waren.

Kaum Weiterentwicklung in der Renaissance

Der Bauernstand der Frühen Neuzeit hatte nicht im gleichen Maße von den Entwicklungen jener Zeit profitieren können, wie die gehobene Bürgerschicht. Immer noch, wie seit Jahrhunderten schon, waren die Bauern ihrem Grundherrn untertan. Sie arbeiteten für ihn (Zehnter) und für das eigene Überleben. Überproduktion wurde auf dem Markt verkauft, und mit dem Gewinn erwarb man die nötigsten Güter für den eigenen Bedarf, die man nicht selbst fertigen konnte. An Profit dachte noch keiner, ja er hätte auch die technischen Möglichkeiten für eine effizientere Landwirtschaft gar nicht an die Hand bekommen.

Das tägliche Arbeitszeug für die Feldbestellung waren die Hacke, der Pflug, Sensen oder gar nur Sicheln, Rechen und Spaten. Wer es sich leisten konnte, setzte Zugtiere ein, meist Ochsen oder Pferde. Doch so mancher Häusler spannte den Hund oder gar seine Frau vor den Pflug. Saatzeit und Ernte waren die jährlichen Arbeitsspitzen, im Winter konnte man es dann etwas ruhiger angehen lassen.

Von Erntedank bis Fastnacht konnten die Bauern auch mal feiern, wie wir es aus vielen Bildern ländlicher Idyllen kennen. Im Vorfrühling stimmte man sich auf die mühsame Feldarbeit mit dem Führen eines Pfluges um die Flur ein. Damit sollten ursprünglich böse Geister gebannt werden, im Spätmittelalter verkam diese Sitte zu einem wüsten Fastnachtscherz, der vielfach von der Obrigkeit verboten wurde. So spannte man in wilder Freude junge Mädchen vor einen Pflug und ließ sie umherziehen. Diese Unsitte hing sicher auch damit zusammen, dass das Pflügen traditionell als Befruchtung der Mutter Erde verstanden wurde. Missernten nahm man als göttliches Schicksal hin. Die meisten Bauern blieben ihr Leben lang auf der Scholle sitzen. Viele

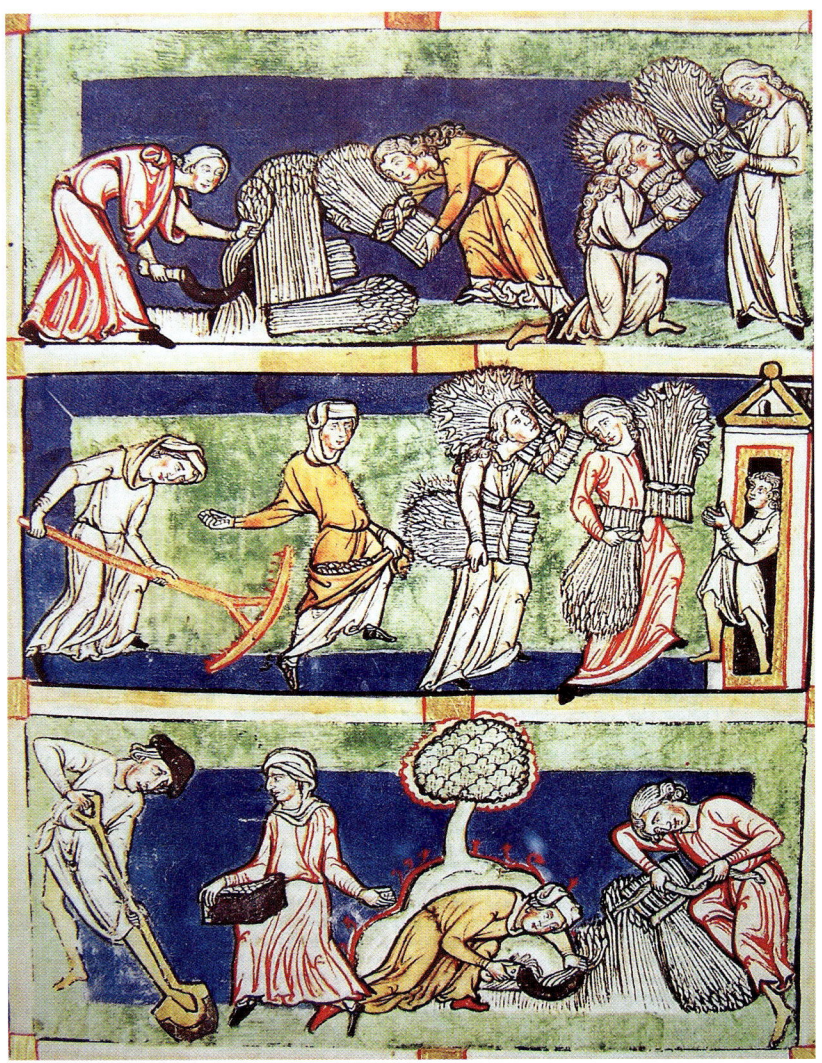

Erntearbeiten aus dem 12. Jahrhundert. Oben Getreideernte mit Sicheln und Binden der Garben, in der Mitte Neusaat mit Handauswurf und Verteilen mittels Rechen, unten Bodenumgraben mit Spaten und Neusaat.

unterschiedlich aufwarfen. Zudem konnte man die Tiefe einstellen, in der man die Erde pflügen wollte. Mit diesen Pflügen konnte man hinter einem oder zwei Ochsen so viel Arbeit erledigen wie mit bis zu acht Tieren vor einem Pflug mit hölzernem Streichbrett. Das lag an den enormen Reibungsverlusten der europäischen Geräte. Man nimmt an, dass die Holländer auf ihren Entdeckungsfahrten das Wissen um diese Konstruktion der Chinesen in Europa verbreiteten, dennoch dauerte es sehr lange, bis die Entwicklung der Landmaschinen Fahrt aufnahm.

kamen nicht einmal bis ins übernächste Dorf. Das hing auch mit den rigiden herrschaftlichen Gesetzen zusammen, die den Untertanen das freie Reisen untersagten.

Im 15. Jahrhundert kam dann der Kehrpflug auf. Er besaß eine symmetrische Schar und ein umsetzbares Streichbrett. Mit diesem Gerät konnte der Landmann nach rechts und nach links pflügen. Jetzt konnte am Ende der Furche einfach gewendet und auf dem Weg zurück zur anderen Ackergrenze in die entgegengesetzte Richtung gepflügt werden. Damit war erreicht, dass die Furchen gleichmäßig in dieselbe Richtung fielen. Bei den anderen verwendeten Gerätschaften änderte sich in diesen Jahren nicht viel. Landwirtschaft blieb ein entbehrungsreicher Knochenjob, der den Beschäftigten alles abverlangte.

Pioniere der Landtechnik

Unter Königin Elizabeth I. hatte in England ein Zeitalter begonnen, das die Briten zu einer Weltmacht ersten Ranges küren sollte. Die frühen Seefahrernationen Portugal, Spanien und Holland wurden der Reihe nach zurückgedrängt. Der Erwerb von Kolonien brachte Tabak und Kartoffeln ins Land. Als hervorragende Futtermittel wurden die Rübe und der Klee angebaut.

Als einer der großen Pioniere der Landwirtschaft gilt Jethro Tull (1674–1741). Der

Heilige der Landwirtschaft

Vor allem mit dem Wirken der Gegenreformation fand der Heiligenkult der katholischen Kirche zu einem neuen Höhepunkt. Wer heute eine barocke Landkirche besucht, wird auf Abbildungen immer der gleichen Heiligen stoßen. Sehr wichtig ist hier die heilige Notburga als Schutzpatronin der Bauern, Dienstmägde und Armen. Sie wurde unter anderem bei Viehkrankheiten und in allen Nöten der Landwirtschaft angerufen. Ihr Attribut ist eine Sichel, denn als ihr der Herr befahl, sie sollte nach dem samstäglichen Avegeläut die Erntearbeiten fortsetzen, hob sie ihre Sichel, mit der sie das Getreide erntete, hoch. Das Werkzeug schwebte in der Luft. Auch mit einem Rechen wurde sie oft dargestellt.

Oft ist sie zusammen mit dem heiligen Isidor von Madrid, einem Bauernknecht aus dem 12. Jahrhundert. Ihn sieht man auf Gemälden betend, während ein Engel seine Pflugarbeit übernimmt. Er wird dargestellt mit Dreschflegel, Sichel, Hacke, Rechen oder Sense.

Als Schutzheiliger der Viehhaltung und bei allen möglichen Anliegen der Bauern gilt seit dem 11. Jahrhundert der heilige Leonhard. Er gehört zu den vierzehn Nothelfern und wird besonders in Bayern verehrt. Die vielerorts stattfindenden Leonhardiritte finden ihm zu Ehren statt.

Sohn eines Großfarmers und gelernter Anwalt hatte seit seiner Kindheit großes Interesse an der Landwirtschaft. Als eine Lungenkrankheit seine juristische Tätigkeit unmöglich machte, zog er sich mit seiner Familie auf einen Landbesitz zurück, den er zukunftsweisend „Prosperous Farm" (zu Deutsch etwa: gedeihender Bauernhof) nannte und fortan bewirtschaftete.

Bei seinen Reformvorhaben legte er großen Eifer an den Tag. Er begann damit, die alten Werkzeuge zu verbessern. Außerdem

Das Echternacher Evangelienbuch aus der Zeit um 1050 zeigt uns beim Gleichnis der Arbeiter im Weinberg zeitgenössische Werkzeuge. Wie heute bei Theaterstücken wurde im Mittelalter Stoff aus der Antike modisch in die Gegenwart verlegt.

1565 zeigte Pieter Brueghel in seinem Bild „Die Kornernte" aus dem Zyklus der Monatsbilder, wie damals die Ernte vonstatten ging.

Heute wenig bekannt ist der Brite Bakewell, der auf dem Gebiet der Viehwirtschaft den Grundstein einer langen Tradition herausragender Züchter legte. Was die Pflüge angeht, so begann im 18. Jahrhundert mit dem Rotherham-Pflug von 1730, der sich die fortschrittlichen chinesischen Pflüge zum Vorbild nahm, die Geschichte der ersten, kommerziell erfolgreichen, eisernen Pflüge. Joseph Foljambe hatte in Rotherham, das für Eisen von hoher Qualität sehr bekannt war, eine Fabrik zur Produktion dieser Pflüge errichtet. In dieser Zeit der höchsten Begeisterung für Naturwissenschaften und Naturgesetze fing man auch an, mathematische Berechnungen anzustellen, in welchen Formen der Pflug, das Streichbrett und die Aufhängung am effektivsten arbeiteten. James Small konstruierte einen sehr einflussreichen Pflug, den er in seinem 1784 herausgegebenen Werk „Treatise of Ploughs and Wheel Carriages" vorstellte. 1803 erwarb Robert Ransome ein Patent für die sich selbst schärfende Pflugschar, fünf Jahre später reichte er für seine Idee der auswechselbaren Pflugteile Patent ein. Mit den sinkenden Eisenpreisen wurden immer mehr bislang in Holz ausgeführte Bauteile des Pflugs nun metallischer Natur.

erfand er ein Gerät, mit dem er dem Unkraut zu Leibe rückte. Auf ihn gehen auch die Reihenkultur und die Pferdehackwirtschaft zurück. Vielleicht am wichtigsten aber war seine Drillmaschine (ca. 1700), die es ihm erlaubte, drei Reihen auf einmal in regelmäßigen Abständen zu besäen. Das seit Jahrhunderten beinahe statisch gebliebene Feldsystem änderte sich im Zeitalter des Rationalismus in einer bislang unerreichten Geschwindigkeit. Natürlich sind die Unterschiede zur heutigen Situation gigantisch, doch war dies die Phase in der Entwicklung der Landtechnik, die die modernen Techniken erst möglich machte.

Andrew Meikle aus Haddingtonshire baute um 1786 seine Dreschmaschine. An seinen Bauprinzipien orientierten sich die meisten Hersteller, die später auf dem Markt erschienen. Bis 1850 wurden in England einige wichtige Landmaschinen erfunden, darunter Erntemaschinen, Grasmäher, Geräte zur Ernte von Kartoffeln und Dreschmaschinen, die das Korn gleich reinigten. Allerdings trügt manchmal der Schein, denn viele Bauern sahen keinen Grund, sich solche neuartigen Geräte anzuschaffen. Es ist doch auch ohne immer ganz gut gegangen. Trotzdem ist eines klar: Der Vorsprung der britischen Landtechnik war in

Klassische Netzegge für Gespannbetrieb.

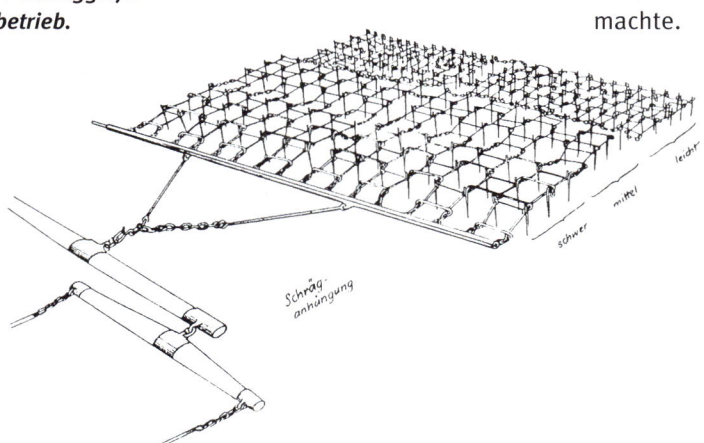

diesen Jahren nicht zu übersehen. Auf der Weltausstellung von 1851 gehörte die Sektion Landtechnik bereits zu den größten Ausstellergruppen. Die Betriebe in England beschäftigten zu diesem Zeitpunkt bereits bis zu 900 Arbeiter.

Deutschland, das im Dreißigjährigen Krieg um ein Drittel seiner Bevölkerung dezimiert worden war – vor allem war dies bäuerliches Volk, das vor den marodierenden Truppen praktisch ungeschützt war – brauchte sehr lange, um sich von dieser furchtbaren Katastrophe zu erholen. Die Völker Europas hatten die Felder verwüstet, die Dörfer verbrannt und die Menschen ermordet. Die Landwirtschaft erholte sich sehr lange nicht von diesen schrecklichen Verlusten. Doch die Aufklärung veränderte die sozialen Rahmenbedingungen. Die Leibeigenschaft wurde aufgehoben und damit wurde der Ehrgeiz geweckt, etwas zu erreichen.

Fortschritt in der Aufklärung

Nun begann die wissenschaftliche Beschäftigung mit der Landwirtschaft, die Cameralwissenschaft. Doch für die meisten Bauern blieb noch fast alles beim Alten.

Futtermittelanbau, besonders Klee, und Stallfütterung waren die Schlagworte der Zeit. Johann Christian Schubart (1734–1787), einer der radikalsten Reformer des 18. Jahrhunderts, brachte mit der Einführung von Klee und Rüben sowie der Bekämpfung der traditionellen Brache das Fortschreiten in Richtung Fruchtwechselwirtschaft voran. 1784 wurde er für seine Verdienste um die Landwirtschaft als Edler von Kleefeld in den Adelsstand erhoben. In England war der Fruchtwechsel schon lange übliche Praxis. Die Agrargesetzgebung Josephs II. in Österreich, Friedrichs des Großen in Preußen und anderer Fürsten legte Bestimmungen fest, die den theoretischen Erkenntnissen der

Wissenschaft folgten. Als Anekdote ist heute noch vielen die Geschichte bekannt, wie der alte Fritz den Anbau von Kartoffeln einführte. Die folgsamen preußischen Untertanen waren zunächst nicht begeistert, aßen sie doch die Blätter, nicht die Knollen. Friedrich II. wusste genau, dass England mit seinem landwirtschaftlichen Know-how den Ländern des Kontinents weit voraus war. Er forcierte deshalb die Übernahme englischer Methoden in Preußen. So ließ er den englischen Landwirt Brown auf einem Gut im Amt Mühlenbeck einen Musterbetrieb aufziehen, an dem sich seine Untertanen gefälligst zu orientieren hatten.

Eine besonders wichtige Figur wurde zur Wende des 18. ins 19. Jahrhundert der Begründer der Landwirtschaftslehre und der Stifter der ersten landwirtschaftlichen Lehranstalt (1802) in seiner Geburtsstadt Celle: Albrecht Thaer. Es ist kein Zufall, dass sich gerade Göttingen schon seit Jahren in Sachen Landwirtschaft sehr häufig hervorgetan hatte. Das damalige Kurfürstentum Hannover stellte in Personalunion den engli-

Ein Meisterwerk, das man heute im Louvre besuchen kann, ist das Bild „Ährenleserinnen" von Jean-François Millet. Es wurde 1857 gemalt.

schen König. Aus diesem Grund war die politische, wirtschaftliche und wissenschaftliche Verknüpfung dieser beiden Länder sehr eng.

1804 wechselte Thaer in preußische Dienste. Auf dem Gut Möglin schuf er ein Pendant zu Celle. Die junge Wissenschaft verband er sehr eng mit der praktischen Umsetzung. So stellte er höchst erfolgreiche Versuche mit dem Fruchtwechsel an, die letztlich diese Anbaumethode durchsetzten. Keiner seiner Schüler wollte noch die veralteten Theorien der Universitätsdozenten hören. Andere wirkten ebenso erfolgreich in Süddeutschland. So entstanden in Hohenheim bei Stuttgart und in Weihenstephan bei Freising landwirtschaftliche Lehranstalten. Die enge Verzahnung von Theorie und Praxis wirkt bis heute nach und hat sich sehr gut bewährt.

Thaers umfassendes Werk „Grundsätze der rationellen Landwirthschaft", das von 1809 bis 1812 in vier Bänden erschienen ist, gehört zu den ganz großen Grundlagenarbeiten. Aber die bedeutendsten Schritte nach vorn hatte die Agrarwissenschaft bis dahin nicht im technischen Bereich gemacht. Dort gab es im Vergleich zu dem, was zwischen

Anfang und Mitte des 20. Jahrhunderts erst noch kommen sollte, bisher nur marginale Verbesserungen.

Landtechnik im beginnenden Industriezeitalter

Während sich die Landwirtschaft bis zum Ende des 18. Jahrhunderts nur der einfachsten mechanischen Hilfsmittel wie Spaten, Sense, Sichel, Dreschflegel, Pflug oder Ackerschleife bediente, kam mit der beginnenden Industrialisierung eine große Anzahl von mechanischen Apparaten zur Anwendung. Verbesserte Werkstoffe und günstigere Fertigungspreise dank der in Fabriken nun möglichen effizienteren Produktionsmethoden sorgten für einen ersten großen Schub bei der technischen Weiterentwicklung des Bauernberufs. Die mittelalterliche Einstellung, die eine Missernte als Schicksalsschlag auffasste und eine gute Ernte günstigen Sternen zuschrieb, gab es nun nicht mehr. Gewinnmaximierung war das Ziel des aufkommenden Hochkapitalismus, das die Bauern auch für sich anstrebten. Mit möglichst geringen Kosten, bei möglichst geringem Arbeitseinsatz sollte ein Höchstmaß an Ertrag herausspringen.

Zeichnung einer dreiteiligen Cambridge-Walze. In ähnlicher Form sind sie noch heute in Verwendung. Sie werden für die Verdichtung zu lockeren Bodens gebraucht.

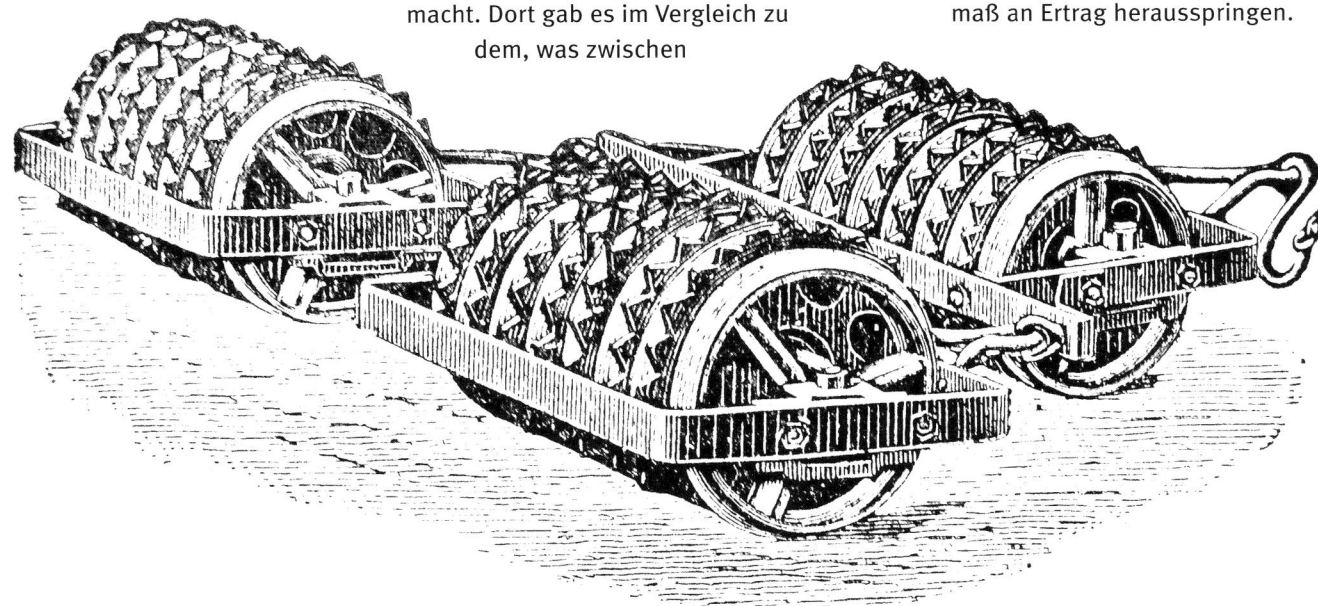

Im Hackfruchtbau setzte man hinter dem Zugpferd ein Vielfachgerät ein, das die mühsame Arbeit per Hand sehr effektiv ersetzte.

Die Landwirtschaft war zu einem Markt geworden, auf dem sich die Günstigsten und Besten durchsetzten. Um in diesem Konzert erfolgreich mitspielen zu können, war möglichst gute Landtechnik nötig.

1837 erfand der US-amerikanische Grobschmied John Deere in Moline, Illinois, den ersten selbstreinigenden Stahlpflug und startete damit die Erfolgsgeschichte von Deere & Company, dem heute weltgrößten Landmaschinenhersteller. Von dieser Firma werden wir später im Buch noch sehr viel mehr erfahren.

In dieser Zeit gab es zwei landwirtschaftliche Grundkonzeptionen, deren Ziel eine größere Produktion war. Das eine Konzept ging davon aus, dass es verbesserte Landmaschinen erlaubten, eine größere Ackerfläche zu bearbeiten und so die Kosten zu senken. Die deutsche Entwicklung dagegen setzte auf Intensivierung des Fruchtanbaus mit Hilfe von Dünger. Deutschland war in diesen Jahren weltweit führend im Einsatz von Kunstdüngern. Die landwirtschaftliche Technik blieb dank dieser Entwicklung in Deutschland sehr im Hintergrund, während sich die Vereinigten Staaten immer mehr zum Klassenbesten in der Landmaschinen-

produktion aufschwangen. Das lag auch daran, dass in Amerika die Arbeitskräfte auf dem Land rar gesät waren, wohingegen sich in Deutschland in den traditionellen Familienbetrieben genügend Helfer fanden. In den Landgütern des Ostens standen zudem polnische Saisonarbeiter zur Verfügung.

McCormick und der Mäher

In der ersten Hälfte des 19. Jahrhunderts wurde Getreide fast ausschließlich mit der Sichel gemäht. Es gab hin und wieder Versuche, die mühselige Erntearbeit durch

Die Mähbinder stellten eine Revolution in der Landwirtschaft dar. Sie wurden in Nordamerika schon in großer Zahl eingesetzt, bevor sie auch in Europa Verbreitung fanden.

Cyrus McCormick war zwar nicht der erste, der an einem Mäher bastelte, aber er trug entscheidend zum Durchbruch der Mähmaschine bei.

die Verwendung von Geräten zu erleichtern. Zu den erfolgreichsten gehörte der Mäher des Schotten Patrick Bell. Die Maschine besaß einen Mähbalken mit zwölf Paaren von Scheren. Eine Schere von jedem Paar war fixiert, während sich die andere beim Mähen hin und her bewegte. Eine Haspel zog das Getreide zum Mähbalken. Wenn die Halme umgeschnitten wurden, fielen sie auf ein kleines, sich bewegendes Förderband, mit dem das Erntegut zur Seite auf den Boden transportiert wurde. Die ganze Vorrichtung war auf einer Art Fahrgestell montiert, das von Pferden geschoben, nicht gezogen, wurde.

Der Mäher des Patrick Bell hatte alles übertroffen, was bisher in diesem Bereich konstruiert worden war. 1828 wurde er zum ersten Mal in der Ernte eingesetzt. Er erstaunte das Publikum und erntete Anerkennung. Einige Exemplare der Maschine wurden in Dundee, Schottland, produziert, und vier davon wurden bis nach Nordamerika verschifft. Aber durchgesetzt hat sich der Bell'sche Mäher nicht. Der Grund dafür war, dass das Mähwerkzeug nicht hundertpro-

zentig funktionierte. Wenn das Getreide geknickt war oder sich Unkraut zwischen den Halmen befand, kam es schnell zur Verstopfung des Mähwerks. Außerdem waren die Felder in Europa zum größten Teil klein und Arbeitskräfte waren reichlich vorhanden, sodass man sich eine teure Investition wie den Mäher ersparen konnte. Anders sah es aber jenseits des Atlantiks, auf dem nordamerikanischen Kontinent aus.

Der Mann, der schließlich als der bedeutendste Erfinder eines mechanischen Mähers in die Geschichte eingehen sollte, hieß Cyrus H. McCormick und wurde 1809 auf der Farm seiner Eltern, ungefähr 22 Kilometer südlich der Stadt Staunton im amerikanischen Bundesstaat Virginia geboren. Das landwirtschaftliche Anwesen, das heute noch besucht werden kann, lag im malerischen und fruchtbaren Shenandoah Valley, einem Tal, das im Osten von den Blue Ridge Mountains, im Westen von den Allegheny Mountains begrenzt wird.

Robert McCormick, der Vater des zukünftigen Erfinders, gehörte zu der eher wohlhabenden Schicht der Farmer. Dies hing damit zusammen, dass er sich nicht alleine auf die Landwirtschaft verließ, sondern noch eine Getreide- und eine Sägemühle, eine Branntweinbrennerei sowie eine Schmiede betrieb. Wie die meisten Farmer seiner Zeit im Süden der USA besaß er Sklaven, die einen Großteil der Arbeit verrichteten. In seiner Werkstatt reparierte Robert McCormick nicht nur Werkzeug, sondern machte sich auch an das schwierige Unterfangen, einen mechanischen Getreidemäher zu bauen. Das Schneidwerk bestand aus feststehenden Messern und sich drehenden Schneiden. Eine Haspel drückte das Getreide gegen das Mähwerk und schob es auf eine Plattform, wenn es abgeschnitten war. Sobald sich genügend geschnittenes Getreide auf der Plattform befand, wurde es von einer Begleitperson mit einem Rechen heruntergeholt und zu einer Garbe gebunden. Zumindest sollte es in der Theorie so funktionieren. Die Praxis sah anders aus. Robert McCormick begann 1816 mit seinen Konstruktionsarbeiten und testete die Maschine bis 1831. Aber der Mäher funktionierte einfach nicht so, wie er sollte.

„Mir reicht es!", soll Robert McCormick ausgerufen haben, „Es ist unmöglich, eine funktionierende Mähmaschine zu bauen " Sein Sohn Cyrus hatte dazu eine andere Meinung. Er entschloss sich, dort weiterzumachen, wo sein Vater aufgehört hatte. Was ihn zusätzlich anspornte, war seine Abneigung gegenüber der Knochenarbeit in der Landwirtschaft. Nachdem der Mäher zurück in die Werkstatt geschoben worden war, machte sich Cyrus an die Arbeit. Er veränderte das Schneidwerk und befestigte einen Halmteiler, der das zu schneidende Getreide von dem trennte, was stehen bleiben sollte. Nach sechswöchiger Arbeit, im Sommer 1831, testete er seine verbesserte Mähmaschine. Der Erfolg überzeugte ihn davon, auf dem richtigen Weg zu sein.

Nach weiteren kleineren Verbesserungen glaubte Cyrus, dass seine Mähmaschine endlich so weit ausgereift wäre, um sie einem breiteren Publikum vorführen zu können. Ein Farmer in der Nähe von Lexington, ungefähr 20 Kilometer südlich der McCormick-Farm, erklärte sich im folgenden Jahr bereit, die Maschine auf seinem Getreidefeld mähen zu lassen. Landwirte aus der Umgebung waren gekommen, um sich das Schauspiel anzusehen. Aber zum Entsetzen von Cyrus McCormick war das Feld anders geartet als jenes, in dem der Mäher im Jahr zuvor so gut funktioniert hatte. Es war steinig und uneben – und die Vorführung war ein Desaster. Unter dem Lachen und Gespött der Zuschauer musste die Darbietung abgebrochen werden.

Zum Glück kam anschließend ein anderer Farmer auf Cyrus McCormick zu und sagte ihm, er könne seine Maschine auf seinem Getreidefeld ausprobieren. Dieser Acker war flach und ohne Hindernisse, und bevor die Sonne unterging hatte der McCormick-Mäher sechs Acres (etwa 2,43 Hektar) Getreide geschnitten. Dies war eine Leistung, die Auf-

Die ersten Getreidemäher stießen auf skeptische Neugierde. Erst die praktische Vorführung konnte die Farmer von ihrer Einsatztauglichkeit überzeugen.

Obed Hussey

Etwa um die gleiche Zeit, zu der McCormick an seinem Mäher schraubte, um ihn für den praktischen Einsatz tauglich zu machen, arbeitete ein anderer begabter Erfinder an dem gleichen Ziel. Dieser Mann hieß Obed Hussey. Er war 18 Jahre älter als Cyrus McCormick und stammte aus dem Norden der USA. Auf der Jagd nach Walen im Pazifischen Ozean hatte er ein Auge und einen Arm verloren, weswegen er die Seefahrt aufgab und sich mit Technik zu beschäftigen begann. 1832 lebte Hussey auf einer Farm in Ohio. Er hatte keine große Erfahrung in der Landwirtschaft. Ein Freund schlug ihm vor, er solle doch eine Maschine zum Getreidemähen bauen. Hussey machte sich an die Arbeit und baute innerhalb kurzer Zeit einen Mäher, den er im folgenden Jahr auf Messen ausstellte.

Hussey erhielt im Dezember 1833 ein Patent auf seinen Mäher. Das war ein Jahr früher als McCormick, der erst durch einen Zeitungsbericht von seinem Rivalen erfuhr. In einem offenen Brief an den Herausgeber der Zeitung wies der Erfinder aus Virginia auf die Ähnlichkeiten zwischen den Maschinen hin und meinte, dass der Schutz, den ihm das Patent verlieh, verletzt worden sei. Es folgte eine Auseinandersetzung zwischen den beiden Erfindern, die als „Mäher-Krieg" bezeichnet wurde. Die beiden bekämpften sich vor Gericht, und es kam hin und wieder zu öffentlichen Wettbewerben zwischen den Maschinen der Konkurrenten. Einmal gewann McCormicks Maschine, dann wieder die von Hussey. McCormick trug letztendlich den Sieg davon, wenn auch nicht im Rechtsstreit, so doch in den Verkaufszahlen. 1858 gab Hussey auf und verkaufte sein kleines Unternehmen. Zwei Jahre später kam er bei einem tragischen Unfall ums Leben.

sehen erregte. Die Maschine wurde nach Lexington transportiert und auf dem zentralen Platz ausgestellt. Ein Begutachter soll gesagt haben: „Diese Maschine ist hunderttausend Dollar wert."

Im folgenden Jahr gab McCormick in einer lokalen Zeitung eine Verkaufsanzeige für seinen Mäher auf. Aber trotz der offensichtlichen Leistungsfähigkeit der Maschine blieben die Kunden aus. Der Kaufpreis von 50 Dollar war für die skeptischen Farmer immer noch zu hoch. Obwohl McCormick die Maschine bei mehreren Gelegenheiten vorführte, konnte er erst 1840 das erste Geräte an einen Landwirt verkaufen. Aber dann kam das Geschäft langsam in Fahrt: 1842 waren

es sieben verkaufte Exemplare, 1843 belief sich die Verkaufszahl auf 29 und im Jahr 1844 konnten sogar schon 50 Stück für den Ernteeinsatz geliefert werden.

McCormick erkannte bald, dass ein bedeutend größerer Markt für seine Maschine im Westen lag, wo die Felder größer und die Arbeitskräfte knapper waren. Aber für eine weitere Expansion reichte die Werkstatt auf der abgelegenen Farm im Shenandoah-Tal nicht aus. Er brauchte eine Produktionsstätte, die näher am Markt lag und die an einer besseren Infrastruktur angeschlossen war. Seine Wahl fiel auf Chicago. Mit dem Kapital eines Partners baute er in der aufstrebenden Stadt des Mittleren Westens eine Fabrik, die für die Ernte von 1848 500 Maschinen fertigte und im folgenden Jahr schon eine Produktion von 1.500 Exemplaren erreichte.

1852 erfand Jearum Atkins einen automatischen Rechen, der das geschnittene Getreide selbstständig von der Plattform der Mähmaschine herunterrechte. Mit dieser Automatik konnte eine weitere Person bei der Arbeit eingespart werden. Atkins ließ seine Erfindung patentieren und bot sie den Mäher-Herstellern an. McCormick konnte sich den Wünschen der Farmer nicht entziehen und kaufte die Atkins-Erfindung. Nach 1860 wurden kaum noch Mäher ohne den automatischen Rechen verkauft.

Im Winter 1874 kam ein Mann namens Charles Withington zu McCormick nach Chicago und bot ihm eine erstaunliche Erfindung für den Mäher an. Es handelte sich um eine Vorrichtung mit zwei Metallarmen, die automatisch das geschnittene Getreide aufnahm und es mit einem Draht zu einem Bündel band. McCormick ließ die Automatik in eine Mähmaschine einbauen und während der Erntezeit des folgenden Jahres testen. Das Ergebnis war überwältigend. Der automatische Binder funktionierte fast reibungslos. Damit war der Mähbinder geboren. Die

Erntehelfer mochte dies zwar nicht unbedingt freuen, aber ein weiterer Arbeitsgang konnte nun von der Maschine erledigt werden. Innerhalb der folgenden fünf Jahre verkaufte McCormick an die 50.000 Mähbinder.

Ein Problem gab es noch mit der Bindung: Der Draht konnte in das Stroh oder auf den Boden fallen und vom Vieh verschluckt werden. Die Einführung einer Bindung per Schnur gelang jedoch nicht McCormick zuerst, sondern seinem Konkurrenten Deering. Aber anschließend setzte sich diese Bindungsart bei allen Herstellern von Mähbindern durch.

Cyrus McCormick lebte bis 1884. Sein Unternehmen war schon zu dieser Zeit zu einem der größten Landmaschinenhersteller in Nordamerika herangewachsen und exportierte seine Maschinen auch über den Atlantik. Es wurde später eine der Gründungsfirmen der International Harvester Corporation (IHC), von der an anderer Stelle noch zu hören sein wird.

Die Dampfpflüge

Bevor wir uns den verschiedenen Pflügen zuwenden, soll eines rauchenden Ungetüms gedacht werden, das schon Mitte des 19. Jahrhunderts für Furore sorgte, sich allerdings nie durchsetzen konnte und schließlich von der Konkurrenz der ersten Traktoren überrollt wurde. Vollmechanisiertes Pflügen war ein unausgesprochener Wunschtraum all derer, die sich hinter einem der herkömmlichen Gespannpflüge abmühten. Seit der Erfindung der Dampfmaschine hatte es schon die verschiedensten Versuche gegeben, Wasserdampf als Antriebsquelle zu nutzen. Durchgesetzt hatte sich dieses Prinzip schon bei der Eisenbahn und bei der Schifffahrt auf den Weltmeeren – wenn dort auch sehr lange neben den Segelschiffen, die auf den langen Routen zunächst deutlich flexibler waren.

1858 verlieh die Royal Agricultural Society of England dem englischen Ingenieur John Fowler (1826–1864) aus Leeds ein Preisgeld von 500 Pfund für seinen Dampfpflug. Fowler hatte diese Erfindung von Osborn (1846) und von Fisken (1855) zu ihrer jetzigen Vollkommenheit weiterentwickelt. Sein System war revolutionär, allerdings recht teuer: An jedem Ende des zu bearbeitenden Ackers stand ein Lokomobil, an dem unter dem Kessel eine Windetrommel befestigt worden war. Darum war ein Seil gewickelt, das die beiden Trommeln miteinander verband. Auf diesem Seil saß ein Kultivator auf, der durch die Zugbewegung, die vom Lokomobil erzeugt wurde, in eine Richtung gezo-

Dieses Werbeblatt der Dampfpflugfabrik A. Wolf zeigt die Arbeitsweise eines Kipppfluges, der von zwei Lokomobilen angetrieben wird. Mit Seilwinden wird der Pflug an das eine Lokomobil herangezogen. Währenddessen erledigt der Fahrer des ersten Lokomobils Wartungsaufgaben. Kommt der Pflug an das andere Ende des Ackers, wechseln die Aufgaben.

Das Deutsche Landwirtschaftsmuseum in Stuttgart-Hohenheim stellt ein seltenes Lokomobil der Firma Schlüter aus, die später zu einer berühmten Traktorschmiede wurde.

Detailfoto der Mechwart-Fräse, die der Schweinfurter Mechwart 1893 in Budapest gebaut hatte.

Seil nicht so lang sein. Viele seiner Maschinen verkaufte John Fowler nach Mitteleuropa, über eine Zweigfirma in Magdeburg. Doch auch in die britischen Kolonien Australien, Ägypten und Südafrika vertrieb Fowler seine Fahrzeuge. Einen interessanten Bericht eines solchen internationalen Einsatzes findet der Leser in dem Roman „Das Geheimnis der Cheopspyramide" des DLG-Gründers Max Eyth. Dieser war in die Firma Fowler eingetreten und beschreibt sich in diesem Roman als Firmenrepräsentanten und Befehlshaber der Dampfpflug-Abteilung am Nil.

An Equipment wurde auch für die Dampfkultur ein breites Sortiment angeboten, zum Beispiel Pflüge, Grubber, Eggen, Walzen und außerdem eine Reihe von Spezialgeräten, etwa Forstkulturpflüge und Entsteinungsmaschinen. Selbstverständlich wurde das Lokomobil auch als mobile Kraftzentrale auf dem Hof eingesetzt. Fast allgemein wurde damals der Balancierpflug verwendet. In einem in der Mitte abbalancierten und drehbaren Gestell befanden sich auf jeder Seite schräg hintereinander 36 Pflugsätze, die gleichzeitig eine Reihe von Furchen zogen. Das Gestell war so ausbalanciert, dass nur durch das Übergewicht des Arbeiters, welcher auf jeder Seite des Apparats Platz nehmen konnte, die Seite abgesenkt wurde, die den Boden bearbeiten sollte. Die andere Seite, die dafür vorgesehen war, die Furchen in der entgegengesetzten Richtung zu ziehen, blieb dann in der Schwebe und wurde dann verwendet, wenn es wieder in die andere Richtung ging. Wir haben also das Prinzip des Kehrpflugs vor uns.

gen wurde. War diese Pflugvorrichtung an einem Ende angelangt, wurde das eine Lokomobil ausgelöst und das andere begann seine Zugarbeit, allerdings erst, sobald der gewendete Pflug in die neue Furchenreihe eingesteuert worden war. Der Führer dieses Arbeitszuges konnte in der Zeit, in der die andere Maschine lief, das Lokomobil schmieren und sonstige Wartungstätigkeiten verrichten. War eine Furche gezogen, fuhren die Dampfmaschinen etwas nach vorn und setzten neu an. Anders als bei einem solchen Dampfpflugsystem, das mit einer einzelnen Maschine arbeitete und das über Umlenkrollen funktionierte, musste das verwendete

Die arbeitenden Instrumente wurden je nach Bodenbeschaffenheit und dem Zweck der Arbeit unterschiedlich kombiniert. Sie erfüllten somit alle Anforderungen, die in jenen Jahren an gute Bodenbearbeitung gestellt wurden. Gegenüber der herkömm-

Leistung des Dampfpflugs
Fowler'scher Dampfpflug, Einmaschinensystem mit 10-PS-Lokomobil

Tägliche Leistung

mit dem Vierfurchenpflug	ca. 5 Hektar	20-25 cm tief
mit dem Dreifurchenpflug	ca. 3,5 Hektar	30-35 cm tief
mit dem Grubber	ca. 6 Hektar	22-25 cm tief
mit dem Grubber	ca. 5 Hektar	30-35 cm tief
mit dem 3 m breiten Krümmer	ca. 11 Hektar	15 cm tief
Kohlenverbrauch pro Tag	ca. 700 kg.	
Zahl der erforderlichen Arbeiter	3	

lichen Arbeitsweise mit Gespannpflügen gab es ein paar handfeste Vorteile. So wurde das Festtreten des Bodens durch die Hufe der Zugtiere völlig vermieden. Dass dies kein Pappenstiel war, verrät das folgende Beispiel: Vier pflügende Ochsen setzten bei gewöhnlicher Breite der Furchen etwa 400.000 Fußtritte pro Hektar. Der wichtigste Vorteil der Arbeit mit Dampf lag somit in der sehr viel höheren Kultivationsgüte im Vergleich zum Pflügen mit Spannvieh. Vor allem auf nassem Boden, wenn die Tiere einsanken, konnte der am Seil laufende Pflug seine Vorzüge ausspielen. In der Summe konstatierten die Anwender dieser Landmaschinen eine größere Erntesicherheit und höhere Erträge. Dadurch konnten die erheblichen Mehrkosten dieses Systems zumeist sehr überzeugend ausgeglichen werden. Noch dazu wenn man bedenkt, dass die Nutzer einen Teil ihres Zugtierbestandes abschaffen konnten und sich so sehr viel sparten.

Als Nachteile des Dampfpflugs sind vor allem folgende zu nennen: Die Anschaffungskosten waren außerordentlich hoch; ein Dampfpflug von Fowler mit zwei Maschinen kostete in Deutschland zur zweiten Hälfte des 19. Jahrhunderts über 50.000 Mark. Solche Summen konnten sich sogar die wenigsten Gutsherren leisten. Es entwickelte sich deshalb erstmals in größerem Rahmen eine Art Maschinenring. Entweder beschafften sich mehrere als Genossenschaft auftretende Landwirte einen Dampfpflug oder ein Käufer richtete ein Mietsystem ein, wobei er als Lohnunternehmer die Kosten des Pflügens pro Hektar nach einem vereinbarten Satz in Rechnung stellte.

Ein sehr großes Manko der Dampfpflüge war ihre geringe Flexibilität. Überall auf schwierigem Gelände, wo sich große Steine im Boden befanden oder Baumstämme nicht

vollständig ausgerodet waren, auf sumpfigem Ackerland und auch auf den sehr vielen kleinen Äckern war der klobige Dampfpflug nicht zu gebrauchen. Bodenverbesserungsarbeiten wie das Entfernen der Steine, das Ausroden von Wurzeln, das Trockenlegen und Arrondieren der Äcker waren unverzichtbare Maßnahmen vor dem Einsatz eines Dampfpflugs. Hatte man das versäumt, oder aber auch durch andere unglückliche Zufälle, kam es recht häufig zu Brüchen an den Geräten. Der Reparaturaufwand war hoch, vor allem musste man einen technisch beschlagenen Fachmann zur Stelle haben.

Diese benzinbetriebene Maschine sollte die Arbeitsgänge des Pflügens und Eggens in einem Durchgang erledigen. Da zu teuer und zu unbeweglich, scheiterte diese frühe Motorisierung eines landwirtschaftlichen Geräts jedoch.

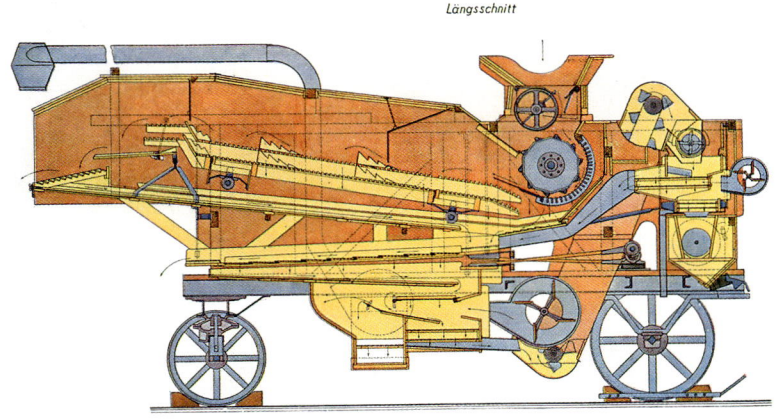

Längsschnitt

Querschnitt

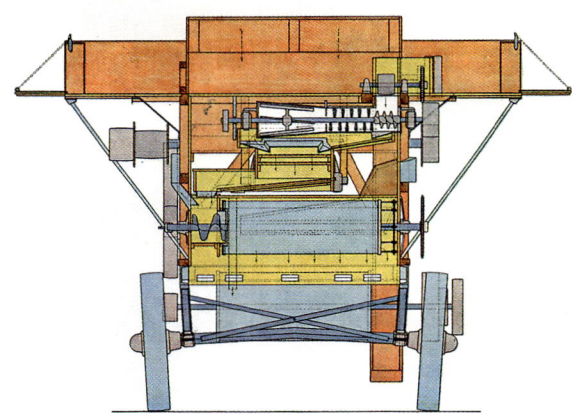

Riss-Skizze einer Dreschmaschine aus dem Hause Lanz, das vor allem durch seine Bulldog-Traktoren berühmt geworden ist.

Auch das Anlernen der Helfer war nicht ohne Schwierigkeiten durchführbar.

Ein Lokomobil mit 10 PS war damals das stärkste, was auf dem Acker zu sehen war. Die wichtigsten Nachteile erwiesen sich später als K.o.-Kriterien. Die Fahrzeuge hatten ein so hohes Gewicht, dass der Einsatz sehr stark von einem festen und trockenen Untergrund schon des Anfahrtsweges abhing. Die Fahrzeuge konnten nur äußerst mühsam auf die Felder gebracht werden. Ihr Treibstoff- und Wasserverbrauch war sehr hoch. Dadurch war ein hoher logistischer Aufwand nötig. 700 Kilo Kohle auf das Feld zu schaf-

fen kostete Zeit, Geld und Arbeitskraft. Das Anheizen war aufwendig. Preis und Funktion erlaubten lediglich einen Einsatz auf großen Gütern, die hauptsächlich über ebene, weitgehend von Steinen befreite Landflächen verfügten.

Die Straßenbauverwaltungen in Deutschland hegten gegen die Lokomobile eine sehr große Abneigung, denn die schweren Fahrgeräte beschädigten die Straßen, die damals noch nicht geteert waren, sehr stark. So wurden strenge Maßregeln in Gesetzesform gegossen. Das Gewicht der Dampffahrzeuge wurde auf neun Tonnen begrenzt, außerdem legte man die erlaubte Höchstgeschwindigkeit auf 6 km/h fest.

Landtechnik zur Zeit des Deutschen Kaiserreichs

Für die Landwirtschaft des aufstrebenden neuen Reiches waren weniger spektakuläre Erfindungen zu verzeichnen als vielmehr das Phänomen der Massenproduktion. Keine Veränderung war gravierender als der Weg vom in England des 17. Jahrhunderts geltenden Gesetz, nur der dürfe einen Pflug besitzen, der imstande wäre, sich selbst einen zusammenzubauen, hin zur industriellen Massenfertigung in der zweiten Hälfte des 19. Jahrhunderts. Sicheln, Sensen, Schaufeln, Eggen und Pflüge waren die ersten Produkte, die in großen Serien produziert wurden. Das verwendete Material war stabiler, der Nutzwert höher. 1866 führte die Leipziger Firma Rudolf Sack den Universalpflug ein. Das Unternehmen war schon seit seiner Gründung im Jahr 1854 als wichtiger Produzent landwirtschaftlicher Geräte (Pflüge, Sämaschinen, Apparate für den Hackfruchtanbau) hervorgetreten.

Schon die nackten Zahlen beeindrucken: 1882 zählte man im Deutschen Reich immerhin 344.000 Dreschmaschinen. 25 Jahre später waren es schon 1.440.000 Exemplare von verschiedenen Herstellern. Ein Drittel davon arbeitete mit Dampfantrieb durch Lokomobile. Im gleichen Zeitraum wuchs die Menge der verwendeten Erntemaschinen von 20.000 auf 301.000 Stück. Man sieht: Die Landtechnik drang immer stärker in die größeren Mittelbetriebe ein. In der Hofwirtschaft wurde die Elektrizität eingeführt. Auch das war für die Landarbeit eine mittlere Revolution.

In dieser Zeit dehnte sich die Anbaufläche stark aus. Moore wurden urbar gemacht, die Brache durch andere Bewirtschaftungsformen, die in Richtung Fruchtwechsel gingen, ersetzt. Vor allem Hackfrüchte wurden in großen Mengen angebaut. Dank der führenden Stellung der deutschen Kunstdünger-forschung waren die Erträge im internationalen Vergleich besonders hoch. Forschungen im Bereich der Züchtung resistenter und gehaltvollerer Pflanzen erwiesen sich ebenfalls als sehr erfolgreich.

Wirtschaftspolitisch dominierte im Kaiserreich der preußische Landadel, der vor allem östlich der Elbe angesiedelt war. Man sprach lange Zeit von Ostelbien. Diese Landwirte hatten sehr große Betriebe, die natürlich ganz anders funktionierten als zum Beispiel der südwestdeutsche Familienbetrieb.

Dieser Gabelheuwender „Stabil H" von Fahr wurde 1905 hergestellt. Der Antrieb der kleinen Gabeln erfolgte über die Laufräder und eine mehrfach gekröpfte Kurbelwelle.

Die Landmaschinenfirmen traten miteinander in Wettbewerb. Das wirkte sich positiv auf die Qualität ihrer Erzeugnisse aus. Sehr wichtig wurden die aufkommenden Ausstellungen, Märkte und Messen. Dort präsentierten die Hersteller ihre neuen Produkte, ein Erfahrungsaustausch fand statt, der zu weiteren Verbesserungen und neuen Ideen führte. Natürlich konnte auf diesen Veranstaltungen auch der Verkauf angekurbelt werden. In einer Zeit ohne Internet und Postwerbung musste man die Vertriebswege schließlich noch ganz traditionell ebnen. Um die Jahrhundertwende kam es zur Gründung von Interessenvereinigungen der Landmaschinenproduzenten.

Vor der Mechanisierung der Landwirtschaft war auch die Rapsernte eine mühsame Arbeit, bei der alle anpacken mussten.

Diese Sternwalze aus der Zeit um 1900 wurde einge-spannt und mit Zugtieren über den Acker gerollt. Der Bauer saß direkt über der Walze und lenkte die Tiere. Dabei war er zugleich als zusätzliches Gewicht „tätig".

Beeindruckend waren die Anhängewalzen von Wermke aus dem Jahr 1928. Sie werden hier von einem Raupenschlepper gezogen. Diese Fahrzeuge waren speziell bei moorigem und feuchtem Untergrund be-sonders wertvoll.

Dreschen, Mähen, Heuwenden und Säen wurden jetzt schon in vielen landwirtschaft-lichen Betrieben von Maschinen übernom-men. Die nötige Zugkraft lieferten jedoch immer noch die Pferde- und auch Ochsen-gespanne. Hier begann zu Anfang des 20. Jahrhunderts noch zögerlich, doch spä-testens nach dem Krieg unverkennbar die größte Revolution in der Landwirtschaft: die Motorisierung der Zugkraft in der Gestalt von Traktoren. Heute ist kein bäuerlicher

Betrieb ohne mindestens einen Schlepper mehr vorstellbar. Doch das ist ein anderes Buch...

Ein Schritt weiter: die Motortragpflüge

In Ungarn begann eine Entwicklungslinie, die wir auch in der Landtechnik der DDR wiederfinden, wenn auch unter ganz ande-ren Vorzeichen. Andreas Mechwart aus Schweinfurt hatte in Budapest als Maschi-nenfabrikdirektor Karriere gemacht. Er stellte sich vor, wie es wäre, wenn Pflügen und Eggen in einem einzigen Arbeitsschritt erledigt werden könnten. Die Idee des Bodenfräsens war geboren und wurde in einer technisch zumindest interessanten Weise umgesetzt. Mechwart entwickelte 1894 die nach ihm benannte selbstfahrende Fräse, die mit Dampfantrieb lief und 18 PS leistete. Zwei Jahre später entwickelte er eine modernere Zwölf-PS-Variante mit einem Einzylinder-Petroleum-Motor, dem ersten in einem Bodenbearbeitungsfahrzeug einge-setzten Verbrennungsmotor. Letztlich blieb diese Maschine jedoch erfolglos – oder zumindest folgenlos.

Das Konzept der selbstfahrenden Land-maschine ist heute eigentlich nur noch bei den Mähdreschern umgesetzt. Andere Ar-beitsgeräte waren letztlich nicht in der Lage, sich vom Gespann oder später den macht-vollen Traktoren zu emanzipieren. Doch das ist selbstverständlich. Der Einsatz rund um eine flexible Kraftzentrale spart letztlich Platz, Kosten und Entwicklungsaufwand.

In der Geschichte gibt es aber noch ein Beispiel für eine motorisierte Landma-schine, die gerade in Deutschland einigen Ruhm genoss. Das liegt nicht zuletzt auch daran, dass diese Arbeitsgeräte von berühmten Firmen gebaut wurden und als Vorläufer der modernen Traktoren betrachtet werden dürfen. 1908 stellten der Gutsbesitzer und Firmeninhaber Robert Stock und sein

Hier sieht man den Gabel-heuwender von Fahr in Aktion. Fahr baute zwischen 1896 und 1963 fast 160.000 Exemplare. Die Gottmannshofener Firma war lange Jahre die Nummer eins im Bau von Landmaschinen.

Ingenieur Karl Gleiche ihren ersten Motor-tragpflug vor, der für die größeren landwirt-schaftlichen Betriebe vor allem östlich der Elbe konzipiert worden war. Zwei vorne posi-tionierte Antriebsräder mit fast zwei Metern Durchmesser setzten die Kraft des Benzin-motors (zuerst mit nur acht Pferdestärken, später auf 24 und 48 PS erhöht) in eine star-ke Zugkraft um. Ein kleines Stützrad, mit dem der Fahrer auch lenkte, war hinten angebracht. Dieses System war sehr erfolg-reich, obwohl Nachteile – geringe Flexibilität und Anfälligkeit für Defekte – nicht zu über-sehen waren.

Die Nachahmer, die sehr schnell auf den landwirtschaftlichen Ausstellungen Flagge zeigten, hatten aus den Fehlern von Stock gelernt und präsentierten technisch bessere Modelle. Wichtigster Konkurrent von Stock war zunächst der Motorpflug von Wendeler und Dohrn, der unter dem Namen der Deut-schen Kraftpflug Gesellschaft Berlin ab 1912 bei Hanomag in Hannover-Linden gebaut wurde. Das Kürzel WD trugen Traktoren der niedersächsischen Firma noch lange Zeit

später. Es stand – Traditionen gab es schon in der frühen Traktorgeschichte – auf dem vor dem Lenkrad liegenden, tonnenförmigen Benzintank. Die beiden Konstrukteure hat-ten erkannt, dass man ein stark verbesser-tes Arbeitsergebnis erzielen konnte, wenn der Pflugrahmen beweglich montiert war. Die Vorrichtung wurde so konstruiert, dass der Fahrer mittels eines Handrades den Pflug je nach Bedarf anheben oder absen-ken konnte. Den WD Großpflug gab es mit 50, später 80 PS. Ein Kleinpflug mit immer-hin noch 35 PS wurde ebenfalls erfolgreich angeboten.

Technisch das wahrscheinlich überzeu-gendste Modell war der Tragpflug von MAN, der auf Anregung des Hallenser Professors Bernstein im Jahre 1916 entstanden ist. Bei der DLG-Ausstellung 1921 in Leipzig erhielt das Fahrzeug die Große Silberne Gedenk-münze, die damals höchste Auszeichnung, zugesprochen. Dieser Motortragpflug erhielt den allerdings auf 700 Umdrehungen gedrosselten Otto-Motor des 21/2-Tonner-Lkw aus dem Hause MAN mit 20 PS. Diese

Ende der 1920er-Jahre wurden motorisierte Grasmäher gebaut, die besonders für das schwäbischbayerische Voralpenland und die dortige Viehwirtschaft geeignet waren. Die Fahrzeuge mähten und halfen beim Abtransport. Dieser Grasmäher stammt aus dem Hause Fendt.

Leistung musste sehr bald auf 30 PS erhöht werden, da sich die ursprüngliche Konfiguration als nicht ausreichend erwies. Im Vergleich zu den Fahrzeugen der Konkurrenz glänzte der Tragpflug von MAN durch einen niedrigen Kraftstoffverbrauch. Besonders zu erwähnen ist außerdem das patentierte asymmetrische Differentialgetriebe. Doch das entscheidende Plus des Tragpflugs von MAN war die Möglichkeit, verschiedene zusätzliche Arbeitsgeräte anzubauen. Damit näherte er sich nicht nur den neu aufkommenden Traktoren an, sondern wurde zum direkten Vorläufer der in den 1950er-Jahren aufkommenden Geräteträger.

Doch man darf sich nicht täuschen lassen. Diese landwirtschaftlichen Fahrzeuge wurden nur in geringen Stückzahlen verkauft. Von den Motortragpflügen von WD und Stock wurden je etwa 1.000 Stück hergestellt, viele davon für das Ausland. Von einer durchgehenden Motorisierung der Landwirtschaft kann man zu diesem Zeitpunkt bei Weitem noch nicht sprechen.

Zeitenwende: vom Gespann zum Traktor

Mit der Einführung des Traktors standen die Hersteller von Landmaschinen schließlich vor der Herausforderung, die geeigneten Anbaumaschinen für diese neue Form der Zugkraft bereitzustellen. Die Abstimmung der Komponenten aufeinander und vor allem die Austauschbarkeit der verschiedenen Produkte waren eine große Herausforderung, der die Unternehmen insgesamt sehr erfolgreich begegneten. Dazu trug die inzwischen sehr stark ausgeprägte Verbandstradition der Hersteller einen nicht zu unterschätzenden Teil bei.

Auch einige Sonderproduktionen sollten nach dem Krieg erfolgreich sein. So gab es spezielle Sitzpflüge für Geschädigte des Ersten Weltkriegs, die ihren Hof wieder bewirtschafteten. Die Qualität der Geräte musste verbessert werden, um den verbreiteten Mangel an Arbeitskräften auffangen zu können. Angesichts der Hungerjahre genoss die Feldwirtschaft in den 1920er-Jahren einen hohen Stellenwert.

Bei den Traktoren konnten im Prinzip drei Anbauräume genutzt werden: vorn (vor allem später für Frontlader etc.), zwischen den Achsen und als Anhänge- oder Aufsattelgerät. Darüber werden wir im hinteren Teil des Buches noch einiges hören. Wichtig wurde die Technik der Aufhängung. Die Entwicklung der Dreipunktaufhängung erfolgte erst nach dem Krieg. Bis dahin behalf man sich noch mit einfacheren Lösungen.

Sehr wichtig wurde die aufkommende Zulieferindustrie. Ein Hersteller musste nicht mehr alle Ersatzteile selbst fertigen, sondern er konnte vieles beziehen. Das vereinfachte die Produktionsabläufe ungemein.

Eine wichtige Phase war die Zeit um 1936, als die offizielle Landwirtschaftspolitik der Nationalsozialisten von ihrem weltfremden Sense- und Kopftuch-Mythos des Bauernstandes abkam und die Motorisierung der Feldarbeit propagierte. Das war eine der Konsequenzen der Ausrichtung auf den Krieg, denn Schlachten brauchten Soldaten und die stammten zum Großteil vom Land. Deshalb wurde die Produktion von Traktoren propagiert. Viele Hersteller von Landmaschinen versuchten sich in Folge auch in diesem Metier. Als im Krieg die Verwendung von

Die Technisierung der Landwirtschaft hatte sich auch lange nach dem Zweiten Weltkrieg noch nicht in ganz Deutschland vollständig durchgesetzt. Zugochsen und Hänger, wie man sie seit Jahrhunderten kannte, bestimmten vielerorts noch in den 1950er-Jahren den bäuerlichen Alltag.

Traktoren untersagt wurde und auf teure und unwirtschaftliche Holzgasmotoren umgestellt werden musste, begann eine kurze Renaissance der alten Gespann-Geräte. Mit dem Untergang der Nazidiktatur setzte eine ganz neue Entwicklungsphase ein, die heute als der erfolgreichste Schub in Richtung Vollmotorisierung gilt.

Nachkriegszeit
Die ersten Nachkriegsjahre waren von Lebensmittelknappheit und materieller Not geprägt. Aber nach der Währungsreform

Anhängevorrichtungen waren für die effiziente Nutzung der Traktoren eine Frage von herausragender Bedeutung. Die Verwendung der Dreipunktaufhängung hatte in Deutschland erst nach dem Krieg ihren Durchbruch. Dieser Hanomag R 19 war für kleinere und mittlere Zugaufgaben geeignet.

*Von einem Fahr-Traktor ge-
zogener Zapfwellen-Mäh-
binder (ebenfalls von Fahr).
Vor der Zeit der selbst-
fahrenden Mähdrescher
war der Gespann-Mäh-
binder die Revolution, die
Sichel und Garbenbinden
ersetzte. Mit Schlepper-
traktion leistete ein solcher
Mähbinder mehr als das
Doppelte. Fahr baute diese
Maschinen zwischen 1937
und 1963.*

setzte in Westdeutschland ein Wirtschafts-
wachstum ein, das einzigartig in der Geschichte war. Das Wirtschaftswunder hatte
auch Auswirkungen auf das Landleben. Viele
Menschen, die vorher in der Landwirtschaft
beschäftigt waren, fanden nun eine besser
bezahlte Arbeit in den Fabriken und Büros
und konnten sich eines Feierabends und
bezahlten Urlaubs erfreuen. Aber die Ära
des Wirtschaftsbooms war auch die Zeit der
großen Mechanisierung der Landwirtschaft.
In den 1950er-Jahren begann eine unüber-
schaubare Zahl von Unternehmen Traktoren
und Landmaschinen anzubieten. Manche
dieser Firmen gewannen nur eine regionale
Bedeutung. Aber mit der Sättigung des
Marktes verschwanden die meisten bald
wieder, und viele sind heute nur noch unter
Insidern bekannt. Diese Entwicklung lässt
sich an den Verkaufszahlen für Mähdrescher
verdeutlichen: Anfang der 1950er-Jahre
konnten sich nur die großen Betriebe Mähdrescher leisten, 1957 war die Zahl der verkauften Exemplare auf 5.000 gestiegen,
1962 wurde der Höhepunkt mit 25.000 verkauften Mähdreschern erreicht, und bis

1976 war die Verkaufszahl wieder auf 5.000
gesunken.

Die Nachkriegszeit brachte auch den
Landwirten ein Einkommen, wie man es in
früheren Zeiten nicht kannte. Zwar waren für
die Arbeit auf dem Hof kaum mehr bezahl-
bare Arbeitskräfte zu bekommen, aber die
Technisierung machte diesen Ausfall mehr
als wett. Die Aufgaben konnten nun von
zwei Personen, dem Landwirt und seiner
Frau, oder gelegentlichen Helfern erledigt
werden. Aber von einer Wochenarbeitszeit
von 49 Stunden, wie sie bis 1965 in der Industrie herrschte, konnte man nur träumen.

Die Nachkriegsjahre, bis hinein in die
1970er-Jahre, waren auch die Zeit der
Flurbereinigung. Die westdeutsche Landwirtschaft war von kleinen verstreuten Anbau-
flächen geprägt, was den Einsatz von größeren Maschinen schwierig machte. Mit dem
Flurbereinigungsgesetz von 1953 versuchte
der Staat, die Produktionsbedingungen in
der Landwirtschaft durch die Neuordnung
des Grundbesitzes zu verbessern. Dies aber
brachte viel Unfrieden in die Dörfer, denn
was schon im Besitz der Eltern und Groß-

eltern war, gibt man nicht leicht her, und die Wertbestimmung der einzelnen Grundstücke konnte auch so mancher nicht akzeptieren.

Mit der Flurbereinigung und der Aufgabe kleinerer Betriebe vergrößerten sich nach und nach die Flächen, die bewirtschaftet werden konnten. Dies ermöglichte den Einsatz größerer Maschinen. Aber war der Kauf solcher Geräte, die immer komplexer und teurer wurden, auch rentabel? Der Agraringenieur und Journalist Erich Geiersberger forderte die Landwirte zur Kooperation auf. Musste jeder Landwirt seinen eigenen Mähdrescher oder seine eigene Presse haben, wenn die dann die meiste Zeit des Jahres im Schuppen standen? 1958 gründete er in dem niederbayerischen Dorf Buchhofen den ersten Maschinenring. Dies war ein freiwilliger Zusammenschluss von Landwirten, die ihre Maschinen gegen Bezahlung in anderen Betrieben einsetzten. Der Maschinenring ermöglichte eine bessere Auslastung und eine rationellere Nutzung der Maschinen, stellte aber auch eine Arbeitserleichterung dar. 1961 wurde im österreichischen Andorf der nächste Maschinenring gegründet, und bald verbreitete sich diese Kooperationsform in zahlreiche Länder. Heute gibt es allein in Deutschland 260 Maschinenringe mit über 190.000 organisierten Landwirten.

Von VEB und LPG

Die Landmaschinenfabrikation in der DDR startete unter den denkbar schlechtesten Vorzeichen: Die Besatzungsmacht Sowjetunion setzte angesichts ihrer zerstörten Industrie in den vom Krieg heimgesuchten Gebieten ihre Reparationsforderungen rigo-

Mit rasanter Geschwindigkeit arbeiten moderne Pressen. Ein Ballen kann einen Durchmesser von bis zu zwei Metern erreichen.

Der Erntemeister E 527 war eine jener für die Landmaschinenproduktion der DDR typischen selbstfahrenden Erntegeräte. Er war einer der letzten DDR-Mähdrescher.

ros durch. Das bedeutete für viele Betriebe den kompletten Verlust ihrer Produktionsanlagen. Dennoch bemühten sich die ansässigen Firmen, aus der Not eine Tugend zu machen, und bauten ihre Produkte mehr recht als schlecht zusammen. Viele Betriebe waren in der Kriegswirtschaft aufgegangen und mussten statt Pflugscharen leider Schwerter schmieden (natürlich waren es meist modernere Rüstungsgüter). So war es zudem auch nötig, wieder in die Friedenswirtschaft hineinzufinden.

Es gibt einige Beispiele, wo sich ganze Unternehmen in den Westen flüchteten. Die bekanntesten sind die Maschinenfabrik Wilhelm Stoll und der Traktorbauer Normag. Diesem Aderlass stand die Vielzahl hervorragend ausgebildeter Flüchtlinge aus den Ostgebieten gegenüber, die in den traditionell starken Landwirtschaftsregionen Ostpreußen und Schlesien Erfahrungen ge-

sammelt hatten, die der Landmaschinenfertigung in einem verwüsteten und ausgebluteten Land zugute kommen konnten.

Nach der Gründung der DDR auf dem Gebiet der sowjetischen Besatzungszone wurde die Zentralisierung von Gesellschaft und Wirtschaft schnell vorangetrieben. Für den Bereich der Hersteller landwirtschaftlicher Fahrzeuge und Geräte bedeutete dies eine Aufteilung in zwei verschiedene Verbände: Die Traktorenproduktion, die sich an den Standorten Nordhausen, Brandenburg und Schönebeck konzentriert hatte, wurde der Vereinigung Volkseigener Fahrzeugwerke, der berühmten IFA, zugeordnet. Die Landmaschinenproduzenten fanden sich unter dem Dach der VVB LHB wieder, der Vereinigung Volkseigener Betriebe Land-, Bau- und Holzbearbeitungsmaschinen.

1956–1964 waren die beiden Bereiche kurzzeitig vereinigt, doch letztlich blieb immer eine gewisse Distanz zwischen ihnen, die Tendenzen zuließ, von denen noch die Rede sein wird. Bereits 1951 wurde aus mehreren sächsischen Betrieben das Kombinat Fortschritt Landmaschinen Neustadt gegründet. Die Zentrale befand sich in Neustadt in der Oberlausitz. Als Kombinat wurde eine Vereinigung mehrerer volkseigener Betriebe bezeichnet, die unter ein Dach gelegt wurden. Das Ziel der Produktion landwirtschaftlicher Geräte und Maschinen wollte man über zwei Stoßrichtungen erreichen. Zum einen: Die Produktion sollte vereinheitlicht und typisiert werden. Damit sparte man bei Produktion, Wartung und Reparatur viel ein. Zum anderen sollten bei kürzeren Einsatzzeiten mit spezialisierten Arbeitsmitteln höhere Erträge mit niedrigerem Aufwand erzielt werden.

Diese Aufgabe erfüllten die Hersteller allerdings nur bedingt. Die ersten Fahrzeuge waren Kopien alter Vorkriegsprodukte, die niemanden überzeugten. Nur langsam konnte das nötige Know-how aufgebaut werden. Ein wichtiger Grundstein war der Geräteträger RS 09, für den eine große Zahl hilfreicher Anbaugeräte erhältlich war. Durch mehrere Schübe der Landenteignung wurde auch die Landwirtschaft der DDR zu einem Kollektiv. Auf Großbetrieben, die man Landwirtschaftliche Produktions-Genossenschaften oder nur kurz LPGs nannte, mussten leistungsstarke Maschinen angeschafft werden. Seit Mitte der 1960er-Jahre lautete die Doktrin dahingehend, dass möglichst bei allen Arbeitsmaschinen die Selbstfahrertechnik eingeführt werden solle. Damit konnte man auf die Verwendung von Traktoren, die den Neustädtern immer fern lagen und die damals nur noch aus der UdSSR, der Tschechoslowakei und Rumänien stammten, in größerem Maße verzichten. Zu diesen selbstfahrenden Landmaschinen zählten etwa Schwadmäher, Pressen, Feldhächsler,

Kartoffel- und Rübenerntemaschinen und Mähdrescher.

Da der Bedarf an Geräten in der DDR relativ überschaubar und bald gestillt war, bemühte sich die SED-Führung, Adressen für einen verstärkten Export zu sammeln. Der Rat für gegenseitige Wirtschaftshilfe (RGW), eine Art EG des Warschauer Pakts, intensivierte die Zusammenarbeit der Mitglieder. Die DDR als sehr starke Wirtschaftsmacht innerhalb dieses Bündnisses, hatte hier gute Absatzchancen. Eine weitere Möglichkeit für Verkäufe bot sich durch den Kalten Krieg in den Entwicklungsländern. Mit der internationalen Energiekrise ab Mitte der 1970er-Jahre wurde die wirtschaftliche Situation im gesamten Ostblock immer kritischer. Man brauchte Devisen, um sich auf dem Weltmarkt mit wichtigen Gütern eindecken zu können. Deshalb wurde versucht, die Produktion auf den Bedarf in Westeuropa einzustellen. Überwältigende Erfolge konnte man dabei allerdings nicht verzeichnen.

Mit der Wende brach schließlich der Markt für die in Osteuropa hergestellten Maschinen zusammen. Die Folge war der Zusammenbruch der großen Kombinate und Volkseigenen Betriebe.

Zu den jüngsten technischen Errungenschaften gehören die automatischen Spurführungssysteme, die ein äußerst präzises Arbeiten ermöglichen. Dieser Deutz-Fahr-Traktor wird vom satellitengestützten Agrosky-System gesteuert.

35

Außer Stroh lassen sich auch Silage und Heu mit dieser Maschine pressen. Die Ballen können bei Bedarf leicht in den Stall transportiert werden.

Schöne neue Welt der Landmaschinen

Die Landmaschinen werden immer größer und leistungsfähiger. Ein Durchschnittstraktor verfügt heute über eine Motorleistung von über 100 PS, Mitte der 1950er-Jahre waren es noch bescheidene 15 PS. Das Zwischengasgeben beim Schalten ist natürlich vorbei. Heute gibt es voll- und totalsynchronisierte Getriebe, stufenlose Getriebe, Wendegetriebe und Getriebe mit Feinabstufung. Wer noch die mühselige Erntearbeit vergangener Jahrzehnte kennt, kann nur noch staunen, mit welcher Geschwindigkeit moderne Ballenpressen Heu und Stroh verarbeiten oder wie schnell ein Mähdrescher

heutzutage ein Getreidefeld aberntet, gesteuert von einem Fahrer in einer klimatisierten, lärm- und staubgeschützten Kabine. Mähdrescher und Traktoren sind mit ihren eigenen Bordcomputern ausgestattet. Einstellungen können über einen Touch-Screen vorgenommen werden, und ein Joystick dient zum Steuern verschiedener Funktionen.

Die neue Devise lautet „Precision Farming". Mit diesem schönen englischen Wort ist die Optimierung der Einsatzmittel gemeint. Das heißt, beim Säen, Düngen und Spritzen sollen genau die Mengen ausgebracht werden, die für einen optimalen Ertrag nötig sind, und beim Ernten und der Bodenbearbeitung sollen unnötige Überschneidungen vermieden werden. Diese „Präzisionslandwirtschaft" ist nur mit dem Einsatz modernster Technik möglich. Mit Hilfe des satellitengestützten GPS (Global Positioning System) können Traktor und Mähdrescher auf dem Feld exakte Spuren abfahren. Der Lenker des Fahrzeugs braucht nur eine Referenzspur festzulegen; das System berechnet dann unter Berücksichtigung der Arbeitsbreite Parallelspuren und übernimmt das Steuern. Nur am Vorgewende ist noch menschliches Eingreifen erfor-

Ein moderner Mähdrescher bietet einen komfortablen Arbeitsplatz, an dem der Fahrer nicht mehr dem gesundheitsschädlichen Staub und der Sonne ausgesetzt ist.

derlich. Aber für die Erleichterung dieser Aufgabe gibt es schon die Möglichkeit, Bedienfolgen abzuspeichern, um sie bei Bedarf automatisch ausführen zu lassen.

Das zentrale Gehirn des Systems ist der Bordcomputer, mit dem die Anbaugeräte über einen ISO-Bus verbunden werden können. Damit lassen sich die Geräte steuern, Aufzeichnungen können vorgenommen und gespeichert werden. Diese Daten können dann an den Hofcomputer übermittelt werden, wo buchhalterische und betriebswirtschaftliche Programme die Weiterverarbeitung übernehmen.

Die landwirtschaftliche Hightech ist teuer und nur in großen Betrieben und bei Lohnunternehmern rentabel. Eine Spezialisierung der Betriebe ist unvermeidlich. 1960 gab es beispielsweise alleine in Bayern 380.000 Betriebe mit Milchkühen, heute sind es noch rund 40.000. Die gleiche Konzentration findet aufseiten der Landmaschinenhersteller statt. Wer erinnert sich heute noch an die einst so wichtigen Unternehmen Bautz in Saulgau oder Ködel & Böhm in Lauingen? Die Landmaschinenproduktion ist heute in den Händen einiger weniger großer und einiger spezialisierter Unternehmen wie John Deere, AGCO, Case New Holland, Kverneland, Claas und Amazone. Der Grund dafür sind die enormen Entwicklungskosten moderner Hightech-Maschinen. Ein entsprechender Aufwand könnte von den kleinen, regional tätigen Herstellern nicht mehr finanziert werden.

So mancher mag diese Entwicklung bedauern, aber sie nützt auch dem Endverbraucher, der bisher einen immer geringeren Teil seines Einkommens für Nahrung ausgeben musste. Ein mitteleuropäischer Landwirt ernährt mittlerweile ungefähr 150 Menschen außerhalb seines Betriebes; vor hundert Jahren waren es nur drei. Dabei steht die Landwirtschaft vor neuen Herausforderungen. Die Weltbevölkerung wächst ungebremst und verlangt nach Nahrung. Zudem werden die landwirtschaftlichen Erzeugnisse zur Gewinnung von Energie und Rohstoffen immer wichtiger. Diese Entwicklung bringt neue Aufgaben mit sich, bei deren Bewältigung der Landmaschinensektor eine wichtige Rolle spielen wird.

Mit Hilfe der Landmaschinen gelingt es der schrumpfenden Zahl von Landwirten, immer mehr Menschen zu ernähren, eine Aufgabe, die durch die wachsende Weltbevölkerung und den zunehmenden Bedarf an nachwachsenden Rohstoffen nicht leichter wird.

Marken und Typen

Ein Farmer 208 S von Fendt zieht
einen Boss-Ladewagen von Pöttinger.

AGCO, das ist der weltweit drittgrößte Hersteller von Landmaschinen und Traktoren (hinter John Deere und Case New Holland). Es ist ein junges Unternehmen, dessen Wurzeln aber bis zu den Anfängen der Mechanisierung zurückreichen.

Mehrere wichtige Marken befinden sich bei AGCO unter einem Dach. Dazu gehören unter anderem Massey Ferguson (rot), Fendt (grün), Challenger (gelb) und Valtra (ebenfalls rot, im Hintergrund).

Eine Auswahl der von AGCO aufgekauften Unternehmen

1991	Hesston, White Tractor	Landmaschinen, Traktoren
1993	Massey Ferguson Nordamerika, White-New Idea	Traktoren, Landmaschinen
1994	Massey Ferguson International	Traktoren, Landmaschinen
1995	AgEquipment Group	Landmaschinen unter den Markennamen Glencoe, Tye und Famhand
1996	Iochpe-Mexion, Deutz-Argentina	Brasilianischer Traktorhersteller, argentinischer Traktorhersteller
1997	Xaver Fendt GmbH & Co. KG	Traktoren
2000	Hay and Forage Industries	Heu- und Grünfuttererntemaschinen
2001	Ag-Chem Equipment & Co.	Selbstfahrende Dünge- u. Pflanzenschutzmaschinen
2002	Landtechniksparte von Caterpillar, einschließlich Challenger, Sunflower Manufacturing Company	Landmaschinen, Raupentraktoren
2004	Valtra	Landmaschinen, Traktoren, Motoren

Von Deutz-Allis zu AGCO

Die Geschichte der AGCO Corporation begann mit dem Rückzug des Kölner Traktoren- und Landmaschinenherstellers Klöckner-Humboldt-Deutz aus den USA. KHD wollte sich in den 1980er-Jahren durch den Kauf der Landmaschinensparte des angeschlagenen Unternehmens Allis-Chalmers stärker in dem damals bedeutenden amerikanischen Exportmarkt engagieren. Zu den wichtigen erworbenen Unternehmensteilen der Deutz-Allis Corporation, wie der amerikanische KHD-Ableger nun hieß, gehörte die Mähdrescherfabrik in Independence, Missouri.

Doch das Engagement von KHD stand unter keinem guten Stern. Die amerikanische Landwirtschaft war Mitte 1980 in eine Wirtschaftskrise geschlittert – und dadurch auch die Landmaschinen-Industrie. Bei Allis-Chalmers war die Mähdrescher- und Traktorenproduktion vor dem Verkauf an die Kölner für drei Monate stillgestanden. Die eingeleiteten Sparmaßnahmen und die Finanzspritzen aus Köln brachten nicht die erhoffte rechtzeitige Wende für Deutz-Allis, da der Kölner Mutterkonzern selbst in Schwierigkeiten geraten war.

Die Überlebensstrategie von KHD hieß Rückzug und Konzentration auf das Kerngeschäft, das heißt, auf den Motorenbau. Zu den ersten Tochtergesellschaften, die abgestoßen werden sollten, gehörte Deutz-Allis. Doch während man in Köln zum Rückzug blies, sah die Leitung von Deutz-Allis eine goldene Zukunft voraus. 1990 ergriff das Management der amerikanischen KHD-Tochter die Initiative und kaufte das eigene Unternehmen. Aus Deutz-Allis wurde die Allis-Gleaner Corporation, kurz AGCO, und der Firmensitz wurde von Milwaukee im Bundesstaat Wisconsin in die Kleinstadt Duluth im sonnigen Georgia verlegt. Das Management in Duluth wusste, dass

In dem englischen Dorf Stoneleigh in der Nähe von Coventry befindet sich seit Herbst 2006 die neue Europa-Zentrale von AGCO.

die Zeit der vielen kleinen, lokal tätigen Hersteller vorbei war. Angesichts des stagnierenden Markts und der steigenden Entwicklungskosten konnten nur noch global agierende Unternehmen in dieser Branche überleben. Schon kurz nach der Gründung begab man sich bei AGCO deshalb auf eine beispiellose Einkaufstour, die aus dem gerade vor der Pleite geretteten nordamerikanischen Landmaschinenhersteller einen internationalen Konzern machte. 1991 erwarb die Firma aus Duluth den Fabrikant von Heu- und Grünfuttererntemaschinen Hesston in Kansas sowie White Tractor in Illinois. Ein international bekannter Landmaschinen- und Traktorhersteller kam 1993/94 mit dem Erwerb von Massey Ferguson unter das Dach von AGCO. 1997 wurden auch die grünen Schlepper der Xaver Fendt GmbH in Marktoberdorf Teil des schnell wachsenden AGCO-Konzerns. Eine weitere bedeutende Expansion im internationalen Bereich erfolgte 2004 mit der Übernahme des finnischen Herstellers Valtra.

Massey Ferguson

Daniel Massey

Am Anfang der Geschichte von Massey Ferguson stehen drei Personen, die sich einen unvergänglichen Namen als Erfinder, Unternehmer und individualistische Persönlichkeiten gemacht hatten. Eine dieser Persönlichkeiten war Daniel Massey (1798–1856), ein erfindungsreicher Schmied und Farmer, der in dem dünn besiedelten und landwirtschaftlich geprägten Gebiet lebte, das damals als Oberkanada (Upper Canada) bezeichnet wurde und heute zur kanadischen Provinz Ontario gehört. Er soll die erste Person gewesen sein, die eine Dreschmaschine nach Kanada importierte. Seine Laufbahn als Unternehmer begann 1847 mit der Eröffnung einer Reparaturwerkstatt für Landmaschinen in dem kleinen Dorf Bond Head (heute Bradford), nördlich von Toronto. Ein Jahr später erwarb er in dem kleinen Ort Newcastle, am Nordufer des Ontario-Sees, eine Werkstatt, die den Grundstein für eine eigene Produktionsstätte für landwirtschaftliche Geräte und Maschinen darstellte.

Mit Massey Ferguson erwarb AGCO eines der bedeutendsten und traditionsreichsten Unternehmen der Landmaschinen- und Traktorenbranche.

Mit dem Toronto-Mäher kam Massey bei den kanadischen Farmern gut an. Dieses Bild stammt aus dem Jahre 1882.

An Daniel Massey erinnert heute noch der Markenname Massey Ferguson. Zu den wichtigsten Produkten gehören nach wie vor Maschinen im Bereich der Erntetechnik, wie in diesem Bild die Ballenpresse.

Daniel Massey starb schon 1856. Die „Newcastle Foundry and Machine Manufactory Co.", wie der Betrieb hieß, wurde jedoch von seinem Sohn Hart Massey (1823–1896) weitergeführt. Ein Jahr nach dem Tod des Gründers erschien der erste Katalog, in dem Pflüge, Dreschmaschinen, Mäher und Binder angeboten wurden. 1870 wurde das Unternehmen in „Massey Manufacturing Company" umbenannt, und nach dem Bau einer großen Produktionsanlage zog man 1879 nach Toronto um.

Das Massey-Unternehmen verkaufte nicht nur Geräte aus eigener Produktion, sondern auch die Produkte anderer Hersteller. Eine entscheidende Expansion erfolgte 1881 durch die Übernahme der Toronto Reaper and Mower Co., die eine erhebliche Erweiterung der eigenen Produktpalette mit sich brachte. Durch die schnelle Besiedlung Nordamerikas und die steigende Nachfrage nach Geräten und Maschinen, die eine Arbeitserleichterung in der Landwirtschaft brachten, wuchs das Unternehmen rapide. Schon in den achtziger Jahren des 19. Jahrhunderts wurden die Massey-Maschinen bis nach Europa, Australien und Neuseeland verschifft. 1890 war die Massey Manufacturing Company das größte kanadische Unternehmen in der Landmaschinenbranche.

Alanson Harris

Die zweite Person, die zu den Gründungspersönlichkeiten von Massey Ferguson gehört, hieß Alanson Harris (1816–1894). Er war Massey in Bezug auf seine Herkunft, seine Persönlichkeit und seine Laufbahn sehr ähnlich. Alanson war ebenfalls ein begabter Handwerker und Farmer. Seine erste Werkstätte gründete er 1857 in dem kleinen Dorf Beamsville, am Südufer des westlichen Teils des Ontario-Sees. Nach der Beteiligung seines Sohnes John hieß die Firma „A. Harris, Son & Co.". Das Unter-

Aus den einstigen Mähbindern wurden Mähdrescher. Massey-Harris gehörte zu den Pionieren in diesem Bereich.

nehmen profitierte ebenfalls vom Aufschwung im Landmaschinenbau und wuchs bald zum Hauptkonkurrenten von Massey heran. 1872 erfolgte mit dem Bau einer größeren Produktionsanlage der Umzug nach Brantford, westlich vom Ontario-See.

Von Brantford nach Newcastle sind es rund 190 Kilometer, nach Toronto nur 90. Die Betriebe von Harris und Massey lagen sich räumlich und hinsichtlich ihrer Produktpaletten zu nahe, als dass sie gut miteinander auskommen hätten können. Harris' Brantford-Binder wurden bald bis nach Südamerika und Europa verkauft. 1890 begann Harris mit der Produktion eines technisch überlegenen Mähbinders, der die führende Marktstellung der Massey Company bedrohte. Die Folge war ein sehr intensiv geführter Konkurrenzkampf zwischen den beiden Rivalen, der als „Mähbinder-Krieg" in die Geschichte einging. Es war Hart Massey, der eine für beide Seiten befriedigende Lösung zur Beendigung der kostspieligen Rivalität vorschlug: Die beiden Unternehmen sollten sich vereinigen. Harris ging auf den Vorschlag ein, und so entstand 1891 die Massey-Harris Company Ltd. mit Sitz in Toronto.

Massey-Harris

Sowohl Massey als auch Harris hatten zu der Zeit, als sie noch selbstständig waren, die Entwicklungen anderer Hersteller aufgekauft und in die eigene Produktion übernommen. Die Strategie der Expansion durch Aufkäufe wurde nach der Vereinigung der beiden Unternehmen mit verstärkter Finanzkraft fortgeführt. Der Betrieb, der als erster nach dem Zusammenschluss übernommen wurde, war Patterson & Co. aus Woodstock, 40 Kilometer westlich von Brantfort, der sich auf die Herstellung von Heu- und Sämaschinen spezialisiert hatte. In den folgenden Jahren wurden ein Pflughersteller und ein Produzent von Anhängern übernommen. Die von Massey-Harris vertriebenen Landmaschinen waren nicht nur in technischer und wirtschaftlicher Hinsicht von Bedeutung, sie spielten auch eine entscheidende Rolle bei der Ausbreitung des Getreideanbaus in den nordamerikanischen Prärien. Schon Anfang des 20. Jahrhunderts ernteten Reihen von Mähbindern, die damals noch von Pferden gezogen wurden, die großflächigen Felder ab.

Im 19. Jahrhundert war Massey-Harris noch ein rein kanadisches Unternehmen, das zwar in die ganze Welt exportierte, aber dessen Produktionsstandorte alle in der Provinz Ontario lagen. 1910 erfolgte der erste Schritt über die Grenze mit dem Kauf eines Erntemaschinenherstellers im Bundesstaat New York. Drei Jahre später stieg Massey-Harris mit dem Kauf eines anderen Unternehmens in New York in die Motorenproduktion ein. Noch während des Ersten Weltkriegs errichteten die Kanadier ein Werk in Berlin. 1927 wurde eine neue Produktionsstätte in der Nähe von Köln gebaut.

Da Massey-Harris bestrebt war, seine Produktpalette auszuweiten, blieb der Einstieg in die Traktorenfertigung nicht aus. Zuerst probierte man es mit der Lizenzfertigung von Modellen anderer Hersteller,

Der Pflug stellte beim Ferguson-System mit dem Traktor eine Einheit dar, was das Pflügen bedeutend erleichterte. „Vergesst eure Pferde", hieß es in der Werbung.

doch ohne einen durchschlagenden Erfolg zu erzielen. Erst 1928 konnte sich das Unternehmen aus Toronto mit dem Ankauf der J. I. Case Plow Works Company, bei der die berühmten Wallis-Traktoren hergestellt wurden, im Schleppermarkt etablieren. Der aufgekaufte Betrieb, der im amerikanischen Bundesstaat Wisconsin lag, ging auf einen anderen berühmten Erfinder und Unternehmer im Landmaschinensektor zurück, nämlich auf Jerome Increase Case, dessen Name heute noch bei einem ebenfalls weltweit operierenden Landmaschinen- und Traktorenhersteller auftaucht: Case New Holland.

Nach dem Ersten Weltkrieg begannen in Nordamerika, Traktoren die Pferde als Zugkraft in der Landwirtschaft abzulösen – in Europa schritt diese Entwicklung bedeutend langsamer voran. Die drei- und vierrädrigen Zugmaschinen erbrachten eine größere und zudem eine kontinuierlichere Leistung als die Arbeitstiere. Dies hatte wiederum Auswirkungen auf die Maschinen, die gezogen wurden: Sie wurden größer, stabiler, schwerer und waren mit mehr Funktionen ausgestattet. In den zwanziger Jahren entwickelte Massey-Harris seine „kombinierten" Erntemaschinen, die das Getreide mähten und zugleich droschen. Solche Mähdrescher konnten nur von einer großen Anzahl von Pferden oder von einem Traktor gezogen werden. 1938 brachte Massey-Harris schließlich unter der Bezeichnung M-H 20 den ersten selbstfahrenden Mähdrescher auf den Markt, kurz danach gefolgt vom Modell 21.

Der Zweite Weltkrieg gab der Verbreitung der selbstfahrenden Mähdrescher einen weiteren Schub. Die Jahre ab 1939, in den USA ab 1941, waren von einer Rationierung der Rohstoffe und einem Arbeitskräftemangel geprägt. Trotzdem sollte die Lebensmittelproduktion erhöht werden. Der damalige amerikanische Verkaufsleiter, Joe Tucker, schlug 1944 den Einsatz sogenannter „Ernte-Brigaden" vor. Die amerikanische Regierung sollte Massey-Harris genügend Materialien zur Verfügung stellen um 500 M-H 21 bauen zu können. Die US-Regierung übernahm den Vorschlag und wählte die Farmer aus, die einen dieser neuen Mähdrescher erwerben konnten – unter der Bedingung, nicht nur das eigene Getreide, sondern als Teilnehmer an einer Ernte-Brigade auch die Felder anderer Farmer abzuernten. 1945 wurden die Ernte-Brigaden um 750 weitere M-H 21 erweitert. Der Einsatz dieser Lohndrescher war für Massey-Harris ein durchschlagender Marketing-Erfolg, und als der Zweite Weltkrieg zu Ende ging, nahm das Unternehmen aus Toronto eine unangefochtene, dominierende Stellung auf dem Mähdrescher-Markt ein.

Dreimal in seiner Geschichte hatte Massey-Harris Pionierarbeit in der technologischen Entwicklung der Landwirtschaft geleistet: in den neunziger Jahren des neunzehnten Jahrhunderts durch die Produktion der modernsten Mähbinder, Anfang des 20. Jahrhunderts bei der Entwicklung der gezogenen Mähdrescher und schließlich mit dem Bau der ersten selbstfahrenden Mähdrescher. Doch die Zeit der Innovationen war noch nicht zu Ende. 1953 schloss sich ein weiterer berühmter Erfinder und Geschäftsmann dem Unternehmen an.

Harry Ferguson

Henry George Ferguson (1834–1960), genannt „Harry", wurde als viertes von elf Kindern einer kalvinistischen Familie in der nordirischen Grafschaft Down geboren. Die harte Arbeit in der Landwirtschaft lernte Harry schon früh auf dem Hof seines tyrannischen Vaters kennen. Er lernte die Feld- und Stallarbeit nicht nur hassen, sondern war vielmehr bereit, die nächstbeste Gelegenheit zu nutzen, ihr zu entkommen. Diese Gelegenheit bot sich, als ihm sein ältester

Bruder, der eine Autowerkstatt in Belfast eröffnet hatte, eine Lehrstelle in seinem Betrieb anbot. Harry, der sich für alles Technische interessierte, nahm das Angebot an und zeigte bald durch kleinere Verbesserungen an den Fahrzeugen, was in ihm steckte. Neben der Arbeit für seinen Bruder besuchte er noch eine weiterführende technische Schule in Belfast.

Zu Harry Fergusons Leidenschaften gehörten neben technischen Innovationen auch Auto- und Motorradrennen sowie Flugzeuge. Mit den Rennen erwarb er sich bald einen landesweiten Ruf und steigerte damit zugleich den Bekanntheitsgrad der Autowerkstatt seines Bruders. Es war dieser wachsende Ruhm, der bald zum Bruch mit eben diesem führte. Harry Ferguson hatte aber mittlerweile genügend Erfahrung und Wissen gesammelt, um in Belfast ein eigenes Unternehmen zu gründen.

Harry Ferguson war entschlossen, in die Geschichte der Luftfahrt einzugehen, was

Dieses Bild aus den 40er-Jahren zeigt einen mit dem Ferguson-System ausgestatteten Ford-Traktor. Der Kultivator wurde speziell für dieses System gebaut.

Dieser Mähdrescher gehört zur Activa-Reihe. Obwohl die Baureihe auf kleinere und mittlere Betriebe zielt, ist dieses Modell mit einem 225 PS starken Motor ausgestattet.

men, wo sich schon Maschinen im Einsatz befanden. Der Traktorenbau stand noch in den Kinderschuhen: Verwendet wurden oft schwere Zugmaschinen, die den Boden verdichteten. Eine leichteres damals eingesetztes Modell war der „Eros", der auf dem Model T von Ford basierte, im Grunde ein umgebautes Auto. Der erste Traktor von Ford, der Model F, kam 1917 auf den Markt.

Ein weiteres Problem, dem Ferguson und Sands damals begegneten, bestand in der Konstruktion der Pflüge, die von den Zugmaschinen wie Anhänger gezogen wurden. Wenn ein solcher Pflug auf einen Baumstamm oder einen Felsen traf, konnte es passieren, dass sich der Traktor vorne aufbäumte, was zu tödlichen Unfällen führen konnte. Eine erste Verbesserung, die Ferguson und Sands entwickelten und patentieren ließen, war die Duplex-Aufhängung. Bei dieser Aufhängung war der Pflug mittels zweier Streben fest mit dem Traktor verbunden. Beim Auftreffen des Pfluges auf einen starken Widerstand wirkte die ausgelöste Kraft nicht mehr, wie beim Anhängepflug, auf die Hinterräder, sondern auf die Vorderräder. Die Duplex-Aufhängung wurde vor allem für die Fordson-Traktoren konstruiert.

In den folgenden Jahren wurden an den Ferguson-Pflügen noch weitere Verbesserungen vorgenommen. Dazu gehörte eine Gleitkufe am Ende des Pfluges, um eine einigermaßen gleichmäßige Tiefe beim Pflügen zu erhalten. Ein kommerzieller Erfolg ergab sich für Ferguson mit der Gründung einer Pflugproduktion in den Vereinigten Staaten speziell für die Fordson-Traktoren. Der wirklich große Durchbruch gelang Ferguson aber mit der Dreipunktaufhängung, bei der das Anbaugerät an zwei beweglichen Unterarmen und einem Oberlenker befestigt war. Die Tiefe beim Pflügen wurde über eine automatische Zugkraftregelung hydraulisch gesteuert.

ihm schließlich auch gelang. Er konstruierte sein eigenes Flugzeug und startete am 31. Dezember 1909 unter schlechten Wetterbedingungen zum Jungfernflug. Es waren zwar nur 130 Yards (119 Meter), die er zurücklegte, aber dies brachte ihm den Ruf ein, als erster Mensch in Irland mit einem Flugzeug geflogen zu sein.

Fergusons Enthusiasmus für Rennen und das Fliegen wich nach einigen Unfällen und Abstürzen sowie seiner Heirat einem bodenständigeren Lebensstil. Mit der Landwirtschaft kam er nach dem Ausbruch des Ersten Weltkriegs wieder in Berührung. Angesichts der Lebensmittelknappheit beauftragte ihn die irische Landwirtschaftsbehörde, die landwirtschaftliche Produktivität mit Hilfe von Traktoren zu erhöhen. Ferguson begab sich daraufhin gemeinsam mit William Sands – einem seiner Angestellten, der letztendlich eine entscheidende Rolle in seinem Leben und bei seinem unternehmerischen Erfolg spielen sollte – auf die Reise durch Irland, führte den Landwirten die Vorteile des Einsatzes von Traktoren vor und versuchte, dort Verbesserungen vorzuneh-

1933 baute Ferguson in seinem Unternehmen in Belfast den Prototyp eines Traktors mit der Dreipunktaufhängung. Dieses Fahrzeug, das als der „Schwarze Traktor" bekannt wurde, steht heute im Science Museum in London. An allen diesen Innovationen war William Sands entscheidend beteiligt.

Schwieriger war es für Ferguson, einen starken Partner zu finden, mit dem die Serienproduktion der Schlepper mit der neuartigen Aufhängung umgesetzt werden konnte. Diesen Partner glaubte Ferguson mit dem jungen britischen Unternehmer David Brown (1904–1993) gefunden zu haben. Brown hatte sich von der Überlegenheit des Schwarzen Traktors überzeugen lassen und begann 1936 in einem Werk in Huddersfield, nordöstlich von Manchester, mit der Produktion des Brown-Ferguson-Schleppers. Aber das Geschäft lief nicht gut, da sich die Landwirtschaft in Folge der wirtschaftlichen Rezession in der Krise befand. Ebenso schlecht lief es mit der Zusammenarbeit der beiden eigensinnigen Männer, die verschiedene Vorstellungen von der Produktentwicklung hatten und jeweils eigene Strategien verfolgten.

Einen neuen Partner fand Harry Ferguson 1938 jenseits des Atlantiks, wo er in Dearborn bei Detroit mit dem Autohersteller Henry Ford zusammentraf. Ford hatte mit seinen Fordson-Traktoren zu den ersten Pionieren im Schlepperbau gehört, war aber dann wieder aus der Branche ausgestiegen, um sich auf den Automobilbau zu konzentrieren. Ende der dreißiger Jahre besaß er jedoch wieder genügend Zeit und Ressourcen, um sich erneut der Motorisierung der Landwirtschaft zu widmen.

Ford und Ferguson waren beide auf landwirtschaftlichen Betrieben aufgewachsen, besaßen ähnliche Persönlichkeiten und verstanden sich sofort. Es dauerte nicht lange, bis sie zu einer Übereinkunft kamen. Es war

ein Abkommen zwischen Ehrenmännern, das keiner Juristen und Verträge bedurfte, sondern mit bloßem Handschlag besiegelt wurde. Demnach sollte Ferguson für die Produktentwicklung bei den neuen Ford-Traktoren verantwortlich sein. Ford übernahm die Produktion und die damit verbundenen Kosten und Risiken. Der Vertrag sollte jederzeit und aus jedem Grund von beiden Seiten aufgekündigt werden können.

Die Vorteile, die Ford aus der Kooperation mit Ferguson zog, lagen einerseits in der technischen Überlegenheit der Ferguson-Traktoren und andererseits in der Dreipunktaufhängung, die durch ein Patent geschützt war und für die es keine vergleich-

Harry Ferguson (neben dem Traktor stehend) und Henry Ford (auf dem Traktor) waren sich in Hinblick auf ihre Herkunft und ihre Interessen sehr ähnlich.

bare Alternative gab. Die Zusammenarbeit verlief nicht reibungslos, funktionierte aber. Als jedoch Henry Ford 1947 verstarb, erlosch auch das Abkommen zwischen den Ehrenmännern, über das es keine schriftlichen Unterlagen gab. Die Folge waren Streitigkeiten zwischen Ferguson und den Nachfolgern Fords. Nun traten die Juristen in Aktion, die man vorher raushalten wollte.

Als Harry Ferguson wieder auf sich alleine gestellt war, begann er mit dem Bau seiner eigenen Traktoren im englischen Coventry. In den folgenden Jahren weitete er das Angebot an Landmaschinen und Anbaugeräten für die Dreipunktaufhängung aus.

Von Massey-Harris-Ferguson zu AGCO

1952 bot Harry Ferguson, der seinem siebzigsten Lebensjahr entgegenging, dem

überraschten Massey-Harris-Management, das eigentlich über eine Zusammenarbeit verhandeln hatte wollen, die Vereinigung der beiden Unternehmen an. Die Leitung des kanadischen Konzerns nahm das Angebot an und im folgenden Jahr entstand das neue Unternehmen mit dem Namen „Massey-Harris-Ferguson". Die beiden Teile des Zusammenschlusses ergänzten sich hervorragend. Der Ferguson-Teil nahm eine prominente Position in der Traktoren-Branche ein, während Massey-Harris der führende Landmaschinenhersteller war. Harry Ferguson hatte als Gegenleistung ein großes Aktienpaket und eine leitende Stellung im neuen Konzern erhalten. Allerdings trat er kurze Zeit später von seiner Position zurück. 1957 wurde der Firmenname in „Massey-Ferguson" geändert, und einige Zeit später ließ man auch den Bindestrich fallen.

Die 1950er- und 1960er-Jahre waren die goldene Ära für Massey Ferguson. Der Konzern expandierte nicht zuletzt durch zahlreiche Zukäufe. Dazu gehörten unter anderem die Traktorhersteller Landini und Eicher sowie der Motorenbauer Perkins. Doch in den 70er-Jahren begann eine Krise der Landmaschinen-Branche, die auch Massey Ferguson nicht unbeschadet überstand. Einzelne Teile des Konzerns mussten verkauft werden, und das Jahr 1981 konnte nur mit Regierungshilfe überstanden werden. Kurze Zeit später ging das Unternehmen in der von Investoren gegründeten Varity Corporation auf, wobei der Markenname „Massey Ferguson" für die Produkte jedoch beibehalten wurde. Die Landmaschinensparte von Varity wurde schließlich 1994 an AGCO verkauft.

Massey Ferguson ist heute, abgesehen von seinen Traktoren, vor allem durch die Erntetechnik bekannt. Die Mähdrescher werden in drei Klassen angeboten: Activa im Leistungsbereich von 225 bis 245 PS, Beta

Fergusons Dreipunktaufhängung hat sich schon längst als Standard durchgesetzt, wie bei diesen Bodenbearbeitungsgeräten von Massey Ferguson.

im Leistungsbereich von 277 bis 330 PS und Cerea mit 370 bis 413 PS. Außerdem bietet Massey Ferguson Quaderballen- und Rundballenpressen an.

Fendt

Ende des Zweiten Weltkriegs hatte die malerische Kleinstadt Marktoberdorf im Allgäu 2.800 Einwohner, 1967 wurde die 10.000ste Bürgerin registriert und 2006 lag die Zahl über 18.000. Marktoberdorf verwandelte sich in den Nachkriegsjahrzehnten von einem landwirtschaftlich geprägten Ort in ein industrielles Zentrum des Ostallgäus. Bedeutenden Anteil an dieser Entwicklung hatte das Familienunternehmen Fendt.

Die Geschichte der Familie Fendt in Marktoberdorf lässt sich bis ins 17. Jahrhundert zurückverfolgen. 1635 ließ sich Sylvester Fendt im Markt Oberdorf, wie der

Ort damals genannt wurde, nieder. Wenige Jahre später erhielt der Schlossermeister und Turmuhrmacher das Bürgerrecht der kleinen Gemeinde. Die nachfolgenden Generationen blieben dem Handwerk des erster Oberdorfer Fendt treu und schufen zuverlässige Uhren und Metallgegenstände. Im 18. Jahrhundert weitete Anton Fendt seine handwerkliche Tätigkeit auf die Herstellung von Bleizügen aus, die vor allem für die Verglasung der Kirchenfenster verwendet wurden.

Diese Tätigkeitsfelder behielt auch der Mechanikermeister Johann Georg Fendt (1868–1933) bei, der 1898 den Schlossereibetrieb seines Vaters übernahm. Wie fast alle Handwerker auf dem Land, hatte auch die Familie Fendt nebenbei noch eine Landwirtschaft zu betreiben, und es war diesem Umstand geschuldet, dass Georg Fendt und seine beiden Söhne Xaver (1907–1989)

Die Mähdrescher dieser Baureihe haben eine Schnittbreite von bis zu sechs Metern. Mit dem Auto-Level-Hangausgleich kann auch auf schiefem Gelände gearbeitet werden.

Das Dieselross erwies sich als ein leistungsstarkes Zugpferd, das die Pferdegespanne überflüssig machte.

und Hermann (1911–1995) mit der Mechanisierung der Landwirtschaft in Berührung kamen. Ein wachsendes Geschäftsfeld waren der Verkauf und die Reparatur von Landmaschinen und Gerätschaften wie Pflügen, Eggen, Mähgeräten und so weiter. Es war auch die Zeit, in der die ersten Stationärmotoren in den Handel kamen, und die Fendts erkannten früh, welche Zukunft der maschinellen Antriebskraft in der Landwirtschaft bevorstand. Johann Georg Fendt und seine Söhne reparierten und verkauften nicht nur die Maschinen, sie erprobten sie auf dem eigenen Anwesen und versuchten, sie zu verbessern. Hermann Fendt baute 1928 einen selbstfahrenden Grasmäher, der von einem vier PS starken Benzinmotor angetrieben wurde. Das Gefährt beruhte auf dem Umbau eines von Pferden gezogenen Grasmähers und war damals schon mit einem Getriebe ausgestattet, das drei Vorwärts- und einen Rückwärtsgang bot.

Der Grasmäher wurde an einen innovationsfreudigen Landwirt in einem benachbarten Dorf verkauft und dort eingesetzt. Das Fahrzeug war technisch noch nicht so ausgereift, dass es über einen längeren Zeitraum problemlos gelaufen wäre. Aber jedes Mal, wenn Hermann Fendt zum Reparieren auf den Hof gerufen wurde, lernte er daraus. Diese Erfahrungen halfen ihm, als er 1929 gemeinsam mit seinem Vater den ersten Schlepper baute. Die Zugmaschine wurde von einem sechs PS starken einzylindrigen Dieselmotor angetrieben und war mit einem Getriebe von ZF in Passau ausgestattet. Die Erbauer wollten ihren Traktor anfangs „Motorpferd" nennen, aber es war die Bezeichnung, die ihm ein Kunde gab, die sich schließlich durchsetzte: Dieselross. Unter diesem Namen wurden die Fendt-Traktoren bis 1959 verkauft. Die Dieselrösser von Fendt nahmen an dem Boom in der Motorisierung der Landwirtschaft teil und erwarben sich einen Ruf der Zuverlässigkeit. Mit ihnen wuchs das Unternehmen Fendt zu einem der wichtigsten Traktorhersteller in Deutschland heran.

Es waren die grünen Traktoren aus dem Allgäu, mit denen Fendt Berühmtheit erlangte. Die eigene Produktion von Landmaschinen spielte nur eine Nebenrolle. Stattdessen bemühte man sich in dem Marktoberdorfer Unternehmen, den Einsatz von Maschinen und Geräten anderer Hersteller zu erleichtern. Der Geräteträger und das Fendt-Einmannsystem übernahmen dabei eine Vorreiterrolle. Beim Geräteträger handelte es sich um einen Traktor, dessen Motor anfangs in einer kleinen, abgeschrägten Motorhaube, später unterhalb des Fahrerstands lag. Diese Traktorart ermöglichte es, landwirtschaftliche Anbaugeräte nicht nur am Heck, sondern auch zwischen den Achsen und im Frontbereich anzubringen. Zusätzlich war vor dem Fahrerstand noch Platz für eine Pritsche oder ein Fass. Vom „Einmannsystem" sprach man, weil es einer Person möglich sein sollte, alle Geräte ohne fremde Hilfe in kürzester Zeit anzubauen.

Die Geräteträger kamen den Bedürfnissen der Landwirte entgegen, weil sie die Möglichkeit boten, mehrere Maschinen in einem Arbeitsgang einzusetzen. Die Marktoberdorfer waren nicht die Einzigen, die Geräteträger anboten, aber sie hatten damit mit Abstand am meisten Erfolg. Während die meisten anderen Hersteller nach wenigen Jahren wieder aufgaben, wurden die Geräteträger von Fendt über einen Zeitraum von fast fünf Jahrzehnten, von 1957 bis 2004, gebaut.

Ende der 1960er-Jahre glaubte man, einen Trend zum selbstfahrenden Ladewagen erkennen zu können. Die Entwickler von Fendt bauten daraufhin den „Unimat", der 1968 der Öffentlichkeit vorgestellt wurde. Es handelte sich dabei um eine ein-

achsige Zugmaschine, deren Bauteile vom Geräteträger stammten, und einen ladewagenartigen Anhänger, der zu einem Düngestreuer umgebaut werden konnte. An der Vorderseite des Zuggeräts konnte ein Mähwerk befestigt werden. Allerdings blieb das Interesse an dem Unimat hinter den Erwartungen zurück, sodass nur wenige Prototypen hergestellt wurden.

Etwas mehr Erfolg hatte das Agrobil S, das ebenfalls zur Grünfutterernte diente, aber eher einem Lkw glich. Das Agrobil S besaß ebenfalls ein Pick-up und eine Ladefläche wie ein Ladewagen, der Fahrer saß

Moderne Mähdrescher sind flexibel: Ein Drescher aus der C-Reihe bei der Maisernte.

Eine Skizze des Unimat, eines Vorläufers des Agrobil S, von dem aber nur ein paar Versuchsmodelle existierten.

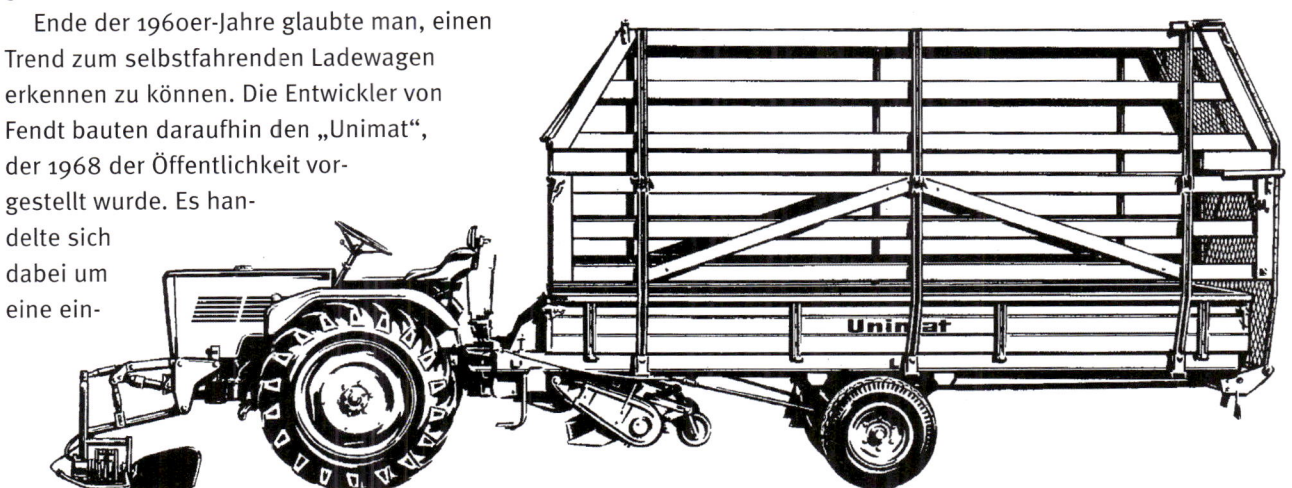

Seit 2002 bietet Fendt auch Quaderballenpressen an. Die Länge eines Ballens kann bis zu 2,5 Meter betragen.

Das Agrobil S war ein auf die Grünfutterernte spezialisiertes Fahrzeug, dem der große Durchbruch jedoch versagt blieb.

jedoch in einer Kabine. Ein Vorteil dieses Fahrzeugs war die Höchstgeschwindigkeit von 50 km/h, später 60 km/h, die es ideal für den Transport über größere Strecken machte. Trotzdem blieb die Nachfrage gering. Im Produktionszeitraum von 1970 bis 1982 wurden nur 112 Exemplare hergestellt.

Die Xaver Fendt GmbH & Co. KG überstand die schwierigen Zeiten in der Landtechnikbranche verglichen mit den Konkurrenten relativ unbeschadet und war in einem guten Zustand, als sie 1997 von AGCO für einen Kaufpreis von 320 Millionen Dollar übernommen wurde. Fendt galt weltweit als der Produzent der technisch fortschrittlichsten Traktoren. Im Leistungssegment ab 101 PS besaß das Marktoberdorfer Unternehmen einen Marktanteil von 25 Prozent in Deutschland. Auch in anderen westeuropäischen Ländern waren die grünen Schlepper stark vertreten: in den Niederlanden mit 23 Prozent, im Vereinigten Königreich mit 20 Prozent, in Skandinavien mit 18 Prozent und in Frankreich mit 17 Prozent. Zudem war Fendt kein Sanierungsfall wie Massey Ferguson, sondern lag eindeutig in der Gewinnzone. Trotzdem war die Übernahme durch AGCO für die Marktoberdorfer ein Glücksfall, da sie nötiges Kapital für steigende Entwicklungskosten brachte und zudem weltweite Absatzchancen bescherte.

Ein Jahr nach der Übernahme durch AGCO stieg Fendt in den Vertrieb von Mähdreschern ein. Allerdings wurden diese Erntemaschinen nicht in Marktoberdorf produziert, sondern im dänischen Randers, in dem Unternehmen Dronningborg, das ebenfalls zum AGCO-Konzern gehört. Der dänische Betrieb besitzt eine mehr als hundertjährige Erfahrung im Bau von Dreschmaschinen und Mähdreschern.

Als Zielgruppe der Fendt-Mähdrescher wurden von Anfang an landwirtschaftliche Betriebe mittlerer und oberer Größe sowie Lohnunternehmer anvisiert. Die ersten vier Maschinen lagen im Leistungsbereich von 220 bis 330 PS, wobei zwei mit fünf und zwei mit sechs Schüttlern ausgestattet waren. 2001 wurde das Angebot an Mähdreschern um drei weitere Modelle erweitert. Eines davon rundete die Palette mit seinen 180 PS nach unten ab, die beiden anderen erweiterten mit 300 und 350 PS und jeweils acht Schüttlern die Reihe nach oben.

Eine Erneuerung der Produktpalette erfolgte 2002 mit der Einführung der C-Reihe, die mit dem neuen Freeflow-Schneidewerk ausgestattet war. Zwei Jahre später wurden zwei weitere Modelle in die Baureihe aufgenommen. Die Neulinge waren optional mit

Auto-Level-Hangausgleich erhältlich. Das AL-System bewirkt, dass die vordere Radaufhängung automatisch entsprechend der Hangneigung ausgerichtet wird, wodurch die Dresch- und Sieborgane waagrecht gehalten werden. Die beiden neuen Modelle waren mit Allradantrieb ausgestattet und konnten eine Leistung von 270 und 300 PS erbringen.

Aufgrund der verschärften Abgaswerte wurden 2003 alle Fendt-Mähdrescher mit neuen Deutz-Motoren ausgestattet. Ein Jahr danach wurde die E-Reihe eingeführt, die aus Mähdreschern bestand, mit denen vor allem mittlere Betriebe angesprochen werden sollten. Zu der neuen Baureihe gehörten zwei Fünf-Schüttler-Maschinen sowie

eine Sechs-Schüttler-Maschine. Alle Modelle waren mit dem Freeflow-Schneidewerk und Auto-Level-Anpassung erhältlich. Zu den Verbesserungen gegenüber den früheren Modellen gehörte die erleichterte Ankopplung des Schneidewerks mit Hilfe eines Schnellkupplers. Auch die Fahrerkabine wurde verbessert, um bei der Arbeit eine optimale Sicht auf das Schneidewerk zu gewährleisten.

Die Zielgruppe der Großbetriebe und der Lohnunternehmer, die eine große Flächenleistung zu erbringen haben, wird mit der 8000-Reihe angesprochen. Diese Modelle sind mit acht Schüttlern ausgerüstet und besitzen eine Schneidewerksbreite von 6,75 bis 7,70 Metern. Die Kabine kann optional

Das Schneidewerk kann an den Mähdrescher über einen Schnellkuppler, bei dem hydraulische und elektrische Funktionen zusammengefasst sind, in kurzer Zeit angekoppelt werden.

mit einem Fieldstar-Terminal ausgestattet werden. Damit können Einstellungen vorgenommen und die Funktionen über den Bildschirm überwacht werden. Falls ein automatisches Spurführungssystem installiert ist, kann dies ebenfalls über den Terminal verwaltet werden. Die Motoren der 8000er-Modelle stammen im Gegensatz zu den anderen Baureihen heute nicht mehr von Deutz, sondern von der finnischen Firma SISU Diesel, die seit 2004 ebenfalls Mitglied der AGCO-Familie ist.

Im Zuge der Zusammenarbeit mit der italienischen ARGO-Gruppe erfolgte seit 2004 die Produktion der kleineren Mähdrescher nicht mehr im dänischen Randers, sondern bei der Firma Laverda in dem kleinen Ort Breganze, der in der Region Veneto liegt. 2007 übernahm AGCO einen Anteil von 50 Prozent an Laverda.

Eine weitere Ausweitung der Geschäftstätigkeit im Landmaschinenbereich erfolgte 2002 mit der Vorstellung von sechs Großballenpressen. Es handelte sich um vier Rund-

ballen- und zwei Quaderballenpressen. Später wurden die Produktreihen auf sechs Rundballen- und drei Quaderballenpressen erweitert.

Mit den Großballenpressen werden vor allem Großbetriebe und Lohnunternehmer angesprochen. Der Betrieb der Pressen verlangt den Traktoren einiges an Leistungskraft ab. Bei den Rundballenpressen liegt die erforderliche Mindestleistung an der Zapfwelle im Bereich von 90 bis 110 PS, bei den Quaderballenpressen beträgt sie 120 PS beim kleinsten und 140 PS beim größten Modell. Die empfohlene Leistung ist höher. Die Maschinen eignen sich für das Pressen von Heu, Stroh und Silage. Einige sind mit einem Auto-Level-Pick-up ausgestattet. Dabei passt sich der Pick-up automatisch an die Bodenkontur an. Die Rundballenpressen besitzen eine Aufnahmebreite von 2,20 Metern, bei den Quaderballenpressen beträgt sie 2 beziehungsweise 2,25 Meter.

Mit dem Markennamen Fendt werden in der Traktoren-Branche Spitzentechnik und

Ein F 275 GT beim Ziehen eines Kartoffelvollernters. Der 70 PS starke Motor gab dem Geräteträger genügend Leistung für den Einsatz als Allzwecktraktor.

Mit dem Einsatz von leistungsstarken Traktoren und Pressen lässt sich die Erntearbeit heutzutage schnell erledigen.

Zuverlässigkeit verbunden. Diese Erwartungen konnten die Marktoberdorfer auch bei den Mähdreschern und Pressen erfüllen.

Challenger

Benjamin Holt

Die Marke Challenger ist heute durch seine Raupentraktoren, Spezialfahrzeuge, großen Mähdrescher und Pressen bekannt. Wie bei vielen anderen Unternehmen der Landtechnikbranche standen am Anfang erfindungsreiche Personen, die aus ihren eigenen Erfahrungen lernten und versuchten, die Arbeitsprozesse zu verbessern und zu erleichtern. Eine dieser Persönlichkeiten war Benjamin Holt. Er wurde 1849 als jüngster von vier Brüdern in Concord, im amerikanischen Bundesstaat New Hampshire, geboren. Die Familie besaß eine Sägemühle, in der das Holz für die Herstellung von Wagen und Kutschen verarbeitet wurde.

1864 zogen die drei ältesten Brüder nach Kalifornien, wo sie ein Unternehmen für die Verarbeitung und den Handel mit Holz gründeten. Kalifornien war damals schon ein aufstrebender Staat. Eine große Zuwanderungswelle hatte es in Folge des Goldrausches von 1849 gegeben. Aber bei Weitem nicht alle Goldschürfer waren zu dem erhofften schnellen Reichtum gelangt. Die meisten mussten sich der harten landwirtschaftlichen Arbeit zuwenden, um ihren Lebensunterhalt zu sichern. Bebaubares Land war zu dieser Zeit noch relativ leicht zu bekommen. Die Nachfrage nach Wagen und Gerätschaften stieg mit der Anzahl der Farmen, und so wuchs auch das Geschäft der Holt-Brüder, das sie in dem östlich von San Francisco gelegenen Stockton gegründet hatten. 1883 schloss sich Benjamin Holt seinen Brüdern an. Er erwies sich als der technisch begabteste unter den vieren, und unter seiner Leitung expandierte das Unternehmen schnell. Anfangs wurden nur Wagenräder hergestellt, bald waren es aber auch landwirtschaftliche Geräte und Maschinen, die zum Verkauf angeboten wurden. Das

Holt-Unternehmen stellte schon 1886 den ersten Mähdrescher her, genauer, eine Kombination aus Mähbinder und Dreschmaschine. Zum Ziehen dieses Mähdreschers waren 18 Pferde nötig. Später wurden im Werk der Holt-Brüder noch größere Mähdrescher gebaut, die von bis zu vierzig Pferden gezogen werden mussten. Diese Erntemaschinen waren komplizierte und anfällige Konstruktionen mit Rädern, Riemen, Übersetzungen und Schaltungen, die leicht defekt werden konnten. Die zahlreichen Pferde zu kontrollieren war eine zusätzliche Herausforderung. Falls die Zugtiere einmal durchgingen, konnte dies das Ende des teuren Mähdreschers bedeuten.

Für Benjamin Holt war offensichtlich: Sollte der Einsatz von Maschinen in der Landwirtschaft weitere Fortschritte machen, musste die Antriebskraft aus einer anderen Quelle als von Pferden oder Mauleseln kommen. 1890 baute er sein erstes dampfgetriebenes Zuglokomobil. Es war ein über sieben

Meter langes Gefährt mit einer Zugleistung von sechzig Pferdestärken, das mit Holz, Kohle oder Öl angefeuert werden konnte. War der Wassertank gefüllt, wog die auf großen Metallrädern fahrende Zugmaschine über 18 Tonnen. Trotz ihrer enormen Größe und Schwerfälligkeit erfreuten sich die Dampftraktoren einer großen Beliebtheit, da durch den Verzicht auf die Pferdegespanne die Kosten gesenkt werden konnten. Bald erkannte man auch ihre Vorteile bei den Baumfällarbeiten in den kalifornischen Wäldern. Die Maschinen lieferten eine gleichmäßige Leistung, und man ersparte sich das Futter und die Pflege der Zugtiere.

Aber die Dampftraktoren hatten auch ihre Nachteile. Einer davon war das enorme Gewicht, das dazu führte, dass die Fahrzeuge oft in weichem Untergrund stecken blieben oder zu Bodenverdichtung führten. Benjamin Holt versuchte, diesem Problem anfangs mit größeren Rädern entgegenzuwirken. Der Erfolg war aber nur mäßig. Ein weiterer Lösungsversuch war es, die schweren Fahrzeuge auf Raupenketten fahren zu lassen. Dies war keine ganz neue Idee. Es gab sogar schon mehrere Patente für dieses Laufwerk. Allerdings war die Technik noch nicht ausgereift; ein praktischer Einsatz im Gelände kam noch nicht in Frage. 1903 reiste Benjamin Holt nach Großbritannien, um sich über die dort etwas weiter fortgeschrittene Technik auf diesem Gebiet zu erkundigen. Die Reise scheint von Erfolg gekrönt gewesen zu sein, denn bereits im darauf folgenden Jahr wurde der erste Raupentraktor beim Pflügen in der Nähe der Holt-Fabrik getestet. Der Test konnte als Erfolg gefeiert werden. In der Folgezeit wurde der Traktor für Arbeiten auf der Familien-Farm der Holts eingesetzt, und wo man einen Verbesserungsbedarf erkannte, wurden Änderungen vorgenommen. Als der Unternehmensfotograf das Fahrzeug sah, machte er die Bemer-

Die Challenger-Mähdrescher gehören zur Oberklasse. Sie werden vor allem in großen Betrieben und von Lohnunternehmern eingesetzt.

kung: „Er kriecht wie eine Raupe." Holt soll darauf geantwortet haben: „Es ist eine Raupe. Das ist der Name dafür!" Die Bezeichnung „Raupe", englisch „Caterpillar", wurde daraufhin als Markenname für die Zugmaschine übernommen.

Einen Entwicklungssprung unternahm die „Raupe" 1906, als Holt den Dampfantrieb durch einen Benzinmotor ersetzte. Das Aggregat erbrachte nicht nur eine bessere Leistung, es hatte zudem den Vorteil, dass durch den Wegfall des Boilers das Gewicht der Zugmaschine weiter reduziert wurde.

Als die Raupenschlepper in Serienproduktion gingen, wurden sie ein prompter Erfolg. Sie wurden auf den großen Farmen, bei Forstarbeiten und im Straßenbau eingesetzt. Bis zum Ersten Weltkrieg waren ungefähr 2.000 Exemplare im Einsatz.

Daniel Best

Eine andere Person, die mit den Ursprüngen der Challenger-Marke zu tun hatte, hieß Daniel Best. Der Lebenslauf dieses Erfinders, Unternehmers und Abenteurers hat große Ähnlichkeit mit dem Werdegang von Benjamin Holt. Er wurde 1838 in Ohio geboren, zog aber mit seiner Familie ein Jahr nach seiner Geburt nach Missouri, wo sein Vater eine Sägemühle aufbaute, um die Siedler mit Bauholz zu versorgen. Aber schon acht Jahre später zog es die Familie weiter in den nördlicher gelegenen Bundesstaat Iowa, der auch heute noch von Viehzucht und Getreideanbau geprägt ist. Daniel Best lernte auf der elterlichen Farm die Grundlagen seiner zukünftigen Karriere kennen. Er wurde früh mit dem vertraut, was Siedler und Farmer benötigten.

Aber Daniel Best war auch ein Abenteurer. Schon im Alter von 21 Jahren zog es ihn mit einem Auswanderer-Treck in das Territorium des heutigen Staates Washington. Seine Aufgabe dabei war es, die Ochsen zu ver-

sorgen und als Scharfschütze die Wagen zu bewachen. Als er am Ziel angekommen war, versuchte er sein Glück mit der Goldsuche. Aber offensichtlich blieb er dabei erfolglos, denn bald darauf baute er eine Sägemühle. Auch diese Tätigkeit brachte ihm nicht viel Glück. Bei einem Unfall verlor er drei Finger seiner linken Hand. Später sagte er, dass er damals begann, seinen Kopf zu benutzen.

Nach dem Unfall zog Daniel Best auf die Farm seines Bruders in Kalifornien. Das landwirtschaftliche Anwesen lag nicht weit von der Stelle, an der 1849 der Goldrausch ausgebrochen war, und es war nur etwa 120 Kilometer nördlich von Stockton, wo die Holt-Brüder ihr Unternehmen aufbauten. Es war im Zuge dieses Aufenthalts, dass sich Daniel Best zum Erfinder entwickelte. Innerhalb der folgenden 43 Jahre erwarb er 41 Patente auf seine technischen Entwicklungen. Zu seinen ersten Erfindungen gehörte eine tragbare Getreidereinigungsmaschine, die auch gleich einen Preis auf einer Ausstellung des Staates Kalifornien gewann.

Ein Dampftraktor von Best. Man kann erahnen, welches Gewicht diese Fahrzeuge hatten.

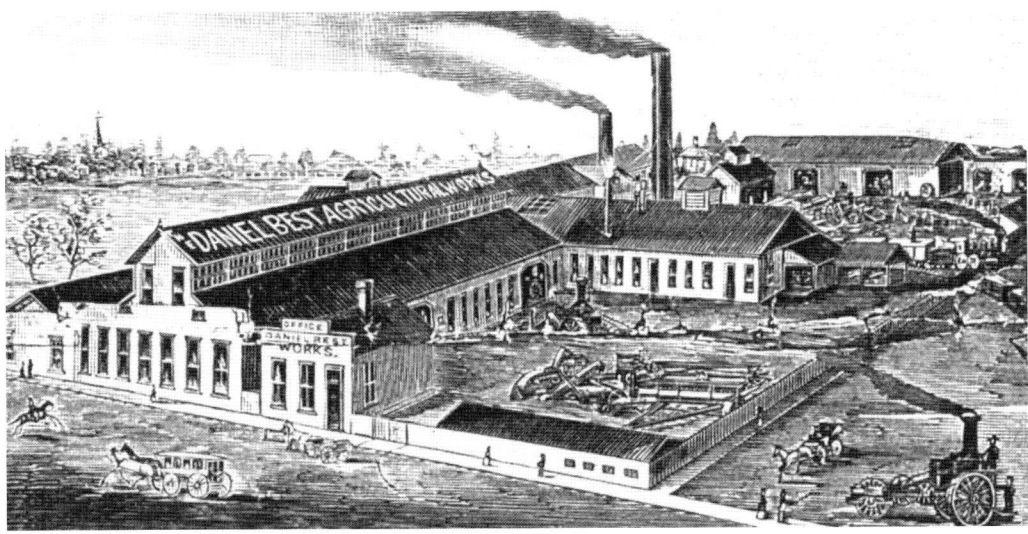

Bisher hatten die Farmer ihr Getreide zu dem Betreiber einer Reinigungsanlage bringen müssen, nun konnten sie diese Tätigkeit selbst erledigen. Aber Daniel Best dachte auch an die Erleichterung anderer Arbeiten, wie das Patent auf eine verbesserte Waschmaschine zeigt. Sein Erfindungsreichtum ermöglichte ihm, ein florierendes Unternehmen aufzubauen, das Gerätschaften und Maschinen für die Landwirtschaft produzierte. 1885 konnte er den ersten selbst gefertigten Mähdrescher verkaufen. Das war ungefähr zur gleichen Zeit, als Benjamin Holt seinen Mähdrescher baute. Natürlich wurde auch diese Erntemaschine noch von Pferden oder Mauleseln gezogen, und Best überlegte ebenfalls, wie man die tierische Zugkraft ersetzen könnte. Die Lösung lag auch für ihn im Einsatz von Dampfmaschinen. 1888 erwarb er die Konstruktionspläne für den Bau eines Lokomobils und machte sich sofort daran, die Zugmaschine zu verbessern. Die Best-Dampftraktoren erfreuten sich großer Beliebtheit und besaßen den Ruf besonderer Zuverlässigkeit, aber sie waren auch nicht frei von den Problemen, die aus der Größe und dem hohen Gewicht resultierten. Daniel Best machte sich deshalb schon bald daran, mit dem Einsatz von Verbrennungsmotoren zu experimentieren. 1896 baute er den ersten Traktor mit Benzinmotor, und um dessen Leistungsfähigkeit unter Beweis zu stellen, veranstaltete er ein Tauziehen zwischen einem dampfgetriebenen und einem benzingetriebenen Traktor. Der Benzin-Traktor gewann haushoch. Er zog die Dampfmaschine sogar einmal um den Häuserblock.

Das Best-Unternehmen blühte und expandierte. Maschinen und Traktoren wurden bis nach Russland verkauft. Aber 1908 erreichte der Gründer das Alter von 70 Jahren und entschloss sich, in den Ruhestand zu treten. Anstatt das Unternehmen seinem Sohn zu vermachen, verkaufte er es an seinen Rivalen Benjamin Holt. Dieser hatte nun den Vorteil, die überlegene Motorentechnik der Best-Traktoren mit seinen Raupenschleppern zu verbinden.

Wie Clarence Leo Best, Daniels Sohn, über den Verkauf dachte, wissen wir nicht. Auf jeden Fall wechselte er nicht zu dem Holt-Unternehmen, sondern gründete 1910 seine eigene Firma mit dem Namen „C. L. Best Gas Traction Company". Er verbesserte die Modelle seines Vaters und führte bald darauf auch den Kettenantrieb ein. Das Unternehmen des jungen Best und das von Benjamin Holt waren damit direkte Konkurrenten, die mit ähnlichen Produkten um dieselbe Zielgruppe kämpften. Holt verkaufte mehr Maschinen ins Ausland, während Best in den Vereinigten Staaten ein dichteres Händlernetz aufbaute. Nach einem fünfzehnjährigen Konkurrenzkampf und dem Tod von Benjamin Holt entschlossen sich die beiden Unternehmen, das Beste aus der Situation zu machen und sich zu vereinen. Der neue Konzern hieß „Caterpillar Tractor Company" und Clarence L. Best übernahm die Rolle des Vorsitzenden des Verwaltungsrates.

Von Caterpillar zu Challenger

Nach dem Zusammenschluss der „Holt Manufacturing Company" und der „C. L. Best Tractor Company" verbesserte Caterpillar seine Produkte ständig und entwickelte sich zum weltweit größten Produzenten von Baumaschinen und Bauausrüstung. Der Verkauf von Landmaschinen spielte keine Rolle mehr. Dies änderte sich jedoch 1987 mit der Einführung des patentierten Mobil-trac-Systems, eines gefederten Raupenlaufwerks. Großtraktoren mit Raupen wurden wieder für landwirtschaftliche Großbetriebe interessant, und Caterpillar stieg unter dem Markennamen Challenger in der Schleppermarkt ein. 2002 übernahm AGCO die Landmaschinensparte von Caterpillar, einschließlich der Challenger-Traktoren. 2005 erregte AGCO auf der Agritechnica in Hannover mit der Vorstellung des leistungsstärksten Traktors der Welt Aufsehen. Es handelte sich um den Challenger MT 875 B, der eine Maximalleistung von 600 PS erzielen konnte.

Challenger-Traktoren gibt es heute nicht mehr nur auf Raupen, sondern auch auf vier Rädern. Aber darüber hinaus ist die Marke vor allem durch die Mähdrescher und Ballenpressen bekannt. Challenger steht für Traktoren und Landmaschinen am oberen Ende des Leistungsspektrums.

Mittlerweile gehören zur Challenger-Produktfamilie auch bereifte Traktoren, Mähdrescher, Ballenpressen und Spezialfahrzeuge für den Pflanzenschutz.

Ag-Chem

Ag-Chem wurde 1963 im amerikanischen Bundesstaat Minnesota gegründet und spezialisierte sich auf die Herstellung von Spritzen für die Landwirtschaft. Man erkannte bald, dass eine Marktnische für Spezialfahrzeuge zur Ausbringung von Dünger und Gülle vorhanden war. 1973 kam der erste Terra-Gator auf den Markt. Das dreirädrige Fahrzeug besaß eine große Bodenfreiheit und eignete sich für die Arbeit auf großflächigen Feldern mit Reihenfrüchten. Die Benutzer dieser Fahrzeuge konnten sich den Einsatz von schweren Traktoren ersparen. Die Kundschaft dafür fand sich nicht nur in der nordamerikanischen großflächigen Landwirtschaft, sondern auch unter den europäischen Gemüsebauern. Bereits 1997 wurde der 10.000ste Terra-Gator verkauft. 1993 führte Ag-Chem ein weiteres Spezial-

Dieser Spra-Coupe 7450 besitzt eine Arbeitsbreite von bis zu 30 Metern. Er wird von einem 174 PS starken Perkins-Motor angetrieben.

fahrzeug ein: den RoGator, der sich durch vier hohe Räder auszeichnete und sich besonders für die Ausbringung von Pflanzenschutzmitteln bei Reihenfrüchten eignete. Im Jahr 2000 ging eine Version des RoGator in Produktion, die speziell an die Reihenbreite auf europäischen Feldern angepasst war.

2001 trat Ag-Chem unter das Dach der AGCO-Familie. Die neuen Kooperationspartner zeigten sich der Öffentlichkeit auf der Agritechnica in Hannover, als ein Ag-Chem TriAxer, ein Anhänger mit drei Achsen, von einem Fendt Vario 926 gezogen wurde.

2002 wurde mit dem Spra-Coupe ein leichtes, selbstfahrendes Spritzgerät in die Produktpalette aufgenommen. Zur gleichen Zeit gesellte sich mit Challenger ein weiterer Partner hinzu. In Europa wurden die Produkte der Spra-Coupe-Linie in die Challenger-Marke integriert.

Amazone

Mit den Amazonen zum Erfolg

Gaste ist ein kleines niedersächsisches Dorf, das heute zur Gemeinde Hasbergen gehört und zwischen Osnabrück und der Grenze zu Nordrhein-Westfalen liegt. 1883, das als Gründungsjahr der Amazonen-Werke gilt, war das Dorf noch eine selbstständige Gemeinde und landwirtschaftlich geprägt. Die achtziger Jahre des 19. Jahrhunderts waren eine schwierige Zeit für die Handwerker, zu denen der junge Heinrich Dreyer gehörte. Die industriell gefertigten Maschinen verdrängten zunehmend die handwerklich hergestellten Gerätschaften. Heinrich Dreyer wusste, dass er sich spezialisieren musste, falls er wirtschaftlich überleben wollte. Das erste, in Serienfertigung hergestellte Produkt, das er auf den Markt brachte, war ein Sensenschärfer, von dem er schon im ersten Jahr 12.000 Stück verkaufte. Aber seine Leidenschaft galt anspruchsvolleren Geräten. 1883 stellte er seine erste selbst gebaute Getreidereinigungsmaschine vor. Es war dasselbe Jahr, in dem er von seinem Vater im Alter von 21 Jahren die Werkstatt übergeben bekam und in dem er die Firma Heinrich Dreyer gründete.

Die ersten Getreidereinigungsmaschinen aus dem Hause Dreyer hatten anfangs noch mit technischen Problemen zu kämpfen, aber der Jungunternehmer lernte aus jedem Fehler und verbesserte seine Konstruktion kontinuierlich. 1891 erhielt er auf der DLG-Ausstellung in Bremen dafür eine Bronzemedaille. Angesichts des Erfolges suchte er für seine Maschine einen Markennamen. Der Dorfschullehrer von Gaste riet ihm zu der Bezeichnung „Amazone", was so viel wie „Heldin" hieße. Dreyer gefiel der Name. Es war dieser Markenname, unter dem bald das ganze Unternehmen bekannt werden sollte.

Als Vorlage für das erste Amazone-Logo diente eine Bronze-Statue in Berlin.

Der kommerzielle Erfolg ließ nicht lange auf sich warten. Um der steigenden Nachfrage gerecht zu werden, erweiterte Dreyer seine Werkstatt und stellte neue Leute ein. Trotz der Expansion konnte er kaum so viel liefern, wie nachgefragt wurde. 1897 wurde die 2.000ste Amazone fertiggestellt, nur zwei Jahre später konnte schon die 3.000ste, am Ende des gleichen Jahres die 4.000ste Reinigungsmaschine ausgeliefert werden. Aber Heinrich Dreyer wusste, dass er die Zukunft sei-

Eine Bodenbearbeitungskombination Centaur von Amazone für den pfluglosen Ackerbau. Gezogen wird die Grubber-Scheibeneggen-Kombination von einem Claas-Xerion.

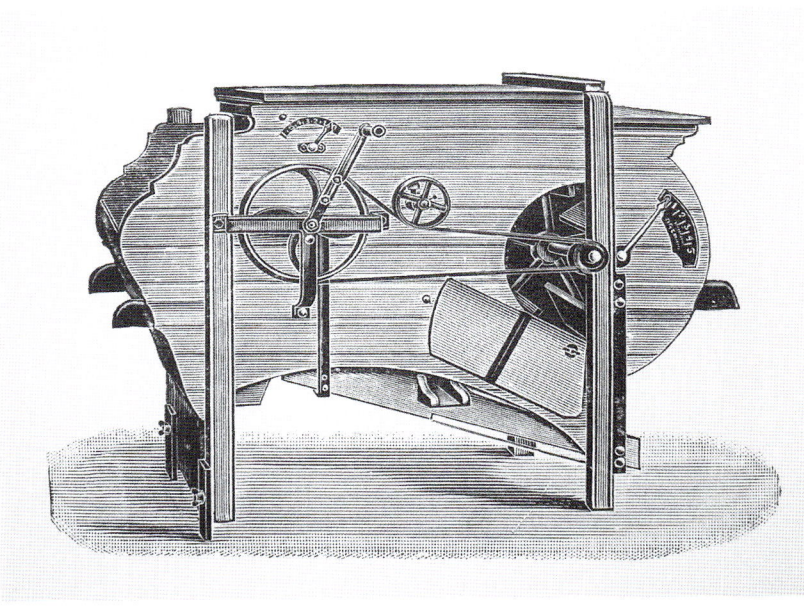

Eine von Hand betriebene Getreidereinigungsmaschine „Amazone", die dem Unternehmen den Namen gab.

Werkstatt gleich auf dem eigenen Hof testen. 1904 aber waren die zeitlichen Anforderungen durch die Maschinenproduktion so gewachsen, dass er seine Felder und Wiesen verpachtete. Noch im selben Jahr wurde ein Kultivator mit der Bezeichnung „Siegfried" in das Produktionsprogramm aufgenommen. Das Gerät litt am Anfang noch an Kinderkrankheiten, wurde aber laufend verbessert und entwickelte sich zu einem Verkaufsschlager. 1905 waren die Amazonen und die Siegfried-Kultivatoren die Hauptverkaufsartikel des Unternehmens. Schon damals gewann der Exportmarkt zunehmend an Bedeutung. Die Geräte der Firma Dreyer wurden bis nach Südamerika verschifft.

Als wichtiges Datum in der frühen Firmengeschichte gilt 1910. In diesem Jahr wurde nicht nur die 30.000ste Amazone hergestellt, es wurde auch mit der Produktion einer Kartoffelsortiermaschine begonnen. Dieses Gerät mit dem Namen „Federkraft" wurde gemeinsam mit einem Landmaschinen-Großhändler aus dem nahe gelegenen Osnabrück entwickelt. Die Sortiermaschine wurde von Hand mittels einer Kurbel betrieben und besaß mehrere Siebe, durch die beim Rütteln die Kartoffeln gemäß ihrer Größe fielen. Die „Federkraft" sollte bald die Amazone an Bedeutung für das Unternehmen übertreffen und zum Hauptumsatzträger werden.

Das Unternehmen in Gaste lieferte nicht nur landwirtschaftliche Geräte in alle Welt, es nahm auch an der allgemeinen technischen Entwicklung teil. 1912 wurde zum ersten Mal Elektrizität von den Stromwerken bezogen. Vorher war die Energie für den Betrieb von einer eigenen Dampfmaschine erzeugt worden. Die Drehbänke und Bohrmaschinen wurden noch über Treibriemen von Transmissionswellen an der Decke der Werkshalle angetrieben. In diesem Jahr wurde auch der Zusatz „Amazonenwerke" in

nes Unternehmens nicht von einer Maschine allein abhängig machen konnte. Deshalb nahm er bald weitere Produkte in sein Programm auf. 1893 begann die Produktion eines Rübenschneiders, das heißt, einer von Hand betriebenen Maschine zum Zerkleinern von Futterrüben, und im folgenden Jahr wurde mit der Herstellung eines Pfluges begonnen.

Wie die meisten anderen Handwerker in ländlichen Gegenden betrieb auch Heinrich Dreyer neben der Werkstatt noch eine Landwirtschaft. Er wusste deswegen über die Bedürfnisse der Landwirte Bescheid und konnte die Geräte aus der Fertigung seiner

Kumulierte Zahl der hergestellten Amazonen	Jahr, in dem die Zahl erreicht wurde
2.000	1897
4.000	1899
8.000	1902
10.000	1904
30.000	1910
50.000	1914

*Die Amazone-Geräte-
kombination wird von
einem Challenger-Traktor
mit bodenschonenden
Raupen gezogen.*

den Firmennamen aufgenommen, um eine Verwechslung mit der Firma des Bruders von Heinrich Dreyer, Wilhelm, zu vermeiden. „Amazonenwerke" sollte von nun an der Name sein, und unter diesem wurde das Unternehmen zunehmend bekannt.

Schwierige Zeiten

Die wirtschaftliche Entwicklung verlief nicht nur für die Amazonenwerke zunächst hervorragend. Auch der allgemeine Lebensstandard hatte in Europa einen noch nie da gewesenen Höhepunkt erreicht. Die Industrie verfrachtete einen ständig steigenden Anteil ihrer Produktion für den Export. Dann kam der verhängnisvolle 1. August, an dem der Erste Weltkrieg ausbrach. Im Nu hatte die Internationalisierung der Wirtschaft ein Ende gefunden. Die Industrie wurde auf Kriegsproduktion umgestellt. Der Landwirtschaft und den Fabriken fehlten die Arbeitskräfte. Aus dem steigenden Wohlstand wurde die Not. Auch die Amazonenwerke hatten die Auswirkungen zu spüren. Von den 120 Beschäftigten wurden die meisten zum Militärdienst eingezogen. Bald waren nur noch etwa vierzig Mitarbeiter vorhanden. Zeitweise musste die Produktion eingestellt

werden. Aber damit endeten die Probleme noch nicht. Die Nachfrage nach neuen Maschinen von Seiten der Landwirte war eingebrochen. Gleichzeitig war es oft unmöglich, ausstehende Forderungen einzutreiben. Der Umsatz des Unternehmens schrumpfte innerhalb kurzer Zeit auf ein Drittel des Umfangs von vor dem Krieg.

Anstatt vor den Problemen zu kapitulieren, trat Heinrich Dreyer die Flucht nach

*Heinrich Dreyer (Mitte)
mit seinen Brüdern
Friedrich (links) und
Johann, die seine ersten
Mitarbeiter waren.*

Einer der ersten Kartoffelsammelroder. Die Kartoffeln wurden noch von Hand abgesackt.

vorne an. 1915 gab er die Entwicklung einer neuartigen patentierten Kunstdüngerstreumaschine namens „Michel" bekannt. Die Einführung der Maschine erfolgte langsam. Anfangs wurden nur zehn Stück gebaut und auf Probe vergeben. Die Landwirte scheinen mit der Kunstdüngermaschine zufrieden gewesen zu sein, denn die Nachfrage war höher, als sie von den Amazonenwerken wegen des Arbeitskräfte- und Materialmangels befriedigt werden konnte.

Nach dem Kriegsende ging es langsam wieder bergauf. Die Hyperinflation, die politischen Unruhen und schließlich die Welt-

wirtschaftskrise erschwerten den wirtschaftlichen Aufschwung. Erst 1934 erreichte die Belegschaft der Amazonenwerke wieder den Stand von 120 Personen. In diesem Jahr übergab der Firmengründer die Leitung an seine beiden Söhne Heinrich und Erich Dreyer.

Vor dem Ersten Weltkrieg wurden die Amazonen bis nach Valparaiso in Chile verschickt. Der ostdeutsche Markt hingegen war der Konkurrenz überlassen worden. In den 1930er-Jahren schickten sich die Amazonenwerke nun an, mit Hilfe eines verbesserten Düngerstreuers auch in Schlesien, Pom-

Die Scheibenegge Catros diente zur Stoppelbearbeitung nach der Getreideernte und konnte bis zu sechs Meter breit sein.

mern, Ostpreußen und Sachsen Marktanteile zu gewinnen. Die Kunstdüngermaschine aus Gaste war leichter zu ziehen, besser zu reinigen und außerdem billiger als die Konkurrenzprodukte. Der Erfolg war so durchschlagend, dass bald zwei Drittel des Umsatzes in Ostdeutschland erwirtschaftet wurden. Auch der Absatz der Kartoffelsortiermaschine legte kräftig zu, sodass das Unternehmen weiter expandieren konnte. Bis 1939 stieg die Mitarbeiterzahl der Amazonenwerke auf 500 Personen.

Am 1. September 1939 brach der Zweite Weltkrieg aus. Der Firmengründer Heinrich Dreyer musste dies aber nicht mehr erleben: Er starb drei Monate vor dem Ausbruch der Katastrophe. Der erneute Krieg brachte die gleichen Probleme mit sich wie der vorangegangene: Materialknappheit, Arbeitskräftemangel und sinkende Nachfrage. Zudem wurden nach den Bombenangriffen auf Osnabrück drei andere Unternehmen in die Werkshallen der Amazonenwerke einquartiert. Das Unternehmen in Gaste überstand selbst knapp einen Bombenangriff.

Während des Krieges wurde bei Amazone unter der Leitung von Heinrich Dreyer junior der erste Kartoffelsammelroder entwickelt. Diese Maschine bestand aus einer großen Siebtrommel, in die ein Roder die Erde und die gerodeten Kartoffeln warf. Die Erde fiel durch die Gitter der Siebtrommel wieder auf den Acker, während die Kartoffeln durch Förderklappen auf ein Schwingsieb transportiert wurden. Dort befand sich ein Gebläse, das die Kraut- und Wurzelreste entfernte. Abschließend fielen die Kartoffeln in einen Behälter, der sich regelmäßig (in Zehn-Meter-Abständen) entleerte.

Zu den vielen Opfern des Krieges gehörte der kaufmännische Leiter der Amazonenwerke, Erich Dreyer. Er war 1941 zum Kriegsdienst eingezogen worden und fiel wenige Tage vor Kriegsende in der Tschechoslowakei.

Neuanfang

Nach dem Kriegsende fiel die Unternehmensleitung dem einzigen überlebenden Sohn des Gründers, Heinrich Dreyer, zu. Die wichtigste Aufgabe war es nun, die Produktion wieder in Gang zu bringen. Die Werksräume hatten zeitweise als Durchgangslager für deutsche Kriegsgefangene gedient. Schalter, Leitungen und Werkzeuge waren zum Teil nicht mehr vorhanden. Die Maschinen mussten erst wieder funktionsfähig gemacht werden. Ein weiteres Problem war die herrschende Materialknappheit. Trotz der schwierigen Bedingungen wurden bald wieder die ersten Düngerstreuer und Kartoffelsortiermaschinen hergestellt. Mit der Produktion der Getreidereinigungsmaschinen, der eigentlichen „Amazonen", wurde jedoch noch nicht wieder begonnen, da mittlerweile die Dreschmaschinen eine Reinigungsfunktion eingebaut hatten, sodass man für diese speziellen Geräte vorerst keinen Markt sah.

Die Feldspritze UG Nova konnte bis zu 3.200 Liter fassen und besaß eine Arbeitsbreite von bis zu 28 Metern.

Zwar herrschte in den Jahren nach dem Zweiten Weltkrieg eine große Knappheit an Lebensmitteln und Material, aber im Gegensatz zu der Zeit nach dem Ersten Weltkrieg war das Land von einer ungeheuren Aufbruchsstimmung erfüllt. Das mit der Währungsreform von 1948 beginnende „Wirtschaftswunder" war auch die große Zeit der Mechanisierung der deutschen Landwirtschaft, an der die Amazonenwerke einen großen Anteil hatten. Die Anzahl der produzierten Kartoffelsortierer stieg im Zeitraum von 1947 bis 1951 von 900 auf 5.600 Stück und bei den Düngerstreuern konnte man die Produktion sogar von 1.000 auf 10.500 Exemplare steigern. Sogar die „Amazone" wurde schließlich wieder nachgefragt, da viele Landwirte die Reinigungsfunktion ihrer Dreschmaschinen als doch nicht ausreichend empfanden.

Schon vor dem Krieg hatten die Verantwortlichen bei den Amazonenwerken mit dem Gedanken gespielt, in die Sätechnik einzusteigen. Aber die Gelegenheit dazu ergab sich erst nach dem Ende des Krieges mit der Übernahme eines Särad-Patents für Drillmaschinen. Dieses „Elite-Särad" erleichterte die Umstellung von normalem Saatgut auf Feinsaatgut wie Gras oder Klee. 1947 kam die erste Amazone-Sämaschine mit der Bezeichnung „D1" auf den Markt. Schon wenige Jahre nach dem Krieg wurden Maschinen für den Export ins europäische Ausland produziert. Die Drillmaschine wurde laufend weiterentwickelt. 1952 folgte das verbesserte Modell „D2" und 1954 kam die „D3" auf den Markt.

Eine zusätzliche Erweiterung des Produktspektrums fand mit dem Bau von Stalldungstreuern ab 1949 statt. Diese Miststreuer konnten im Gegensatz zu den Sämaschinen nicht mehr von Pferden gezogen werden, sondern erforderten den Einsatz von Traktoren. Die relativ leichten Streuer waren für

Die UX 5200 ist die größte Anhängefeldspritze von Amazone. Der Behälter kann 5.460 Liter fassen und die Arbeitsbreite beträgt bis zu 40 Metern.

Schlepper mit einer Zugkraft von 15 bis 18 PS bestimmt. Vorbei waren die Zeiten, in denen der Landwirt den Mist mit der Gabel auf einen Wagen lud, aufs Feld fuhr und ihn dort ausbreitete.

In den fünfziger Jahren wandte sich Heinrich Dreyer der Verbesserung des während des Zweiten Weltkriegs entwickelten Kartoffelsammelroders zu. 1956 brachten die Amazonenwerke – wie das Unternehmen nun genannt wurde – den verbesserten S 56 auf den Markt. Mit diesem Kartoffelvollernter wurde kurz darauf die Marktführerschaft in Deutschland erreicht. Im Gegensatz zum Vorgängermodell lief die Siebtrommel quer zur Fahrtrichtung. Die Kartoffeln wurden auf ein Förderband transportiert, wo das Bedienpersonal etwaige Steine, Erdklumpen, Pflanzenteile oder andere Fremdkörper aussortieren konnte. Die Kartoffeln fielen vom Förderband in einen Bunker, der bei Bedarf entleert werden konnte.

In den fünfziger Jahren experimentierten mehrere Schlepperhersteller mit sogenannten Geräteträgern. Dazu gehörten Lanz, Eicher, Güldner, Ruhrstahl, Fendt und andere. Die Idee dahinter war, dass ein Traktor die Möglichkeit bieten sollte, mehrere Landmaschinen gleichzeitig einzusetzen. Deshalb besaß ein Geräteträger mehrere Anbauräume, meist am Heck, an der Vorderseite und zwischen den Achsen. Zudem sollten die Geräte schnell zu befestigen und wieder abzunehmen sein. Dies war eine neue Herausforderung für die Landmaschinenhersteller, denn die Geräteträger der verschiedenen Traktormarken besaßen unterschiedliche Maße und Anbauprinzipien. Das heißt, für jede Marke mussten eigens die Anbaugeräte angepasst werden. Zusätzlich sollten die Landmaschinenhersteller auch noch mehrere Größen zur Auswahl bieten. Dies war ein erheblicher Aufwand. Wahrscheinlich nahm man nicht nur bei den Amazonen-

werken mit Erleichterung zur Kenntnis, dass sich die meisten Schlepperhersteller wieder aus der Produktion dieser Traktorart zurückzogen und nur noch Fendt mit seinem Ein-Mann-System auf dem Markt blieb.

Die fünfziger Jahre waren für die Amazonenwerke ein Jahrzehnt der außerordentlichen Erfolge aber auch der Schicksalsschläge. Zu den Erfolgen gehörte die wachsende Expansion, die dazu führte, dass nach einer zweiten Produktionsstätte gesucht werden musste. Zuerst fand man diese in den leer stehenden Hallen der Weserflug-Gesellschaft in Delmenhorst bei Bremen. Nach dem Ablauf des Mietvertrages fand die Unternehmensleitung in der Gemeinde Hude, zwischen Bremen und Oldenburg, ein Baugrundstück, auf dem ein neues Zweigwerk errichtet wurde. Zu den schlimmen Ereignissen, die sich ereigneten, gehörte der 1956 stattfindende Großbrand im Hauptwerk in Gaste, bei dem die Malerei und die Versuchsabteilung zerstört wurden.

Ein Fendt 930 Vario zieht mit Hilfe des automatischen Spurführungssystems AutoGuide den Amazone Centaur in ganz geraden Bahnen.

Eine Großflächensämaschine Citan, gezogen von einem Challenger-Traktor. Die Ausbringungsmenge kann durch ein pneumatisches Dosiersystem exakt gesteuert werden.

Der Brand war vermutlich von einer weggeworfenen Zigarette verursacht worden. Der Schaden wurde von Sachverständigen auf über eine Million Mark geschätzt. Ein weiterer Schicksalsschlag, der die Amazonenwerke ereilte, war der frühe Tod des Unternehmensleiters Heinrich Dreyer. Der Sohn des Gründers verstarb 1957 plötzlich im Alter von 57 Jahren. Der Sohn des Verstorbenen, Heinz Dreyer, und sein Neffe, Klaus Dreyer, waren erst 23 beziehungsweise 25 Jahre alt und befanden sich noch in der Ausbildung. Beide wurden sofort nach Gaste zurückgerufen. Es war nun ihre Aufgabe, die Amazonenwerke zu leiten.

Generationswechsel und Modernisierung
Der zweite Generationswechsel an der Spitze der Amazonenwerke verlief trotz der relativen Unerfahrenheit der Protagonisten reibungslos. Mit jugendlichem Elan nahm die Unternehmensleitung neue Projekte in Angriff, modernisierte und rationalisierte die Produktion und ersetzte die alten Montagehallen nach und nach durch neue. Für Transportarbeiten kamen Kräne und Stapler zum Einsatz. In einigen europäischen Ländern, in denen die Amazonenwerke bisher noch nicht vertreten waren, wurde ein Vertrieb aufgebaut.

Auf dem Markt der Düngerstreuer hinkte das Unternehmen aus Gaste der Konkurrenz aber hinterher. Zwar war der eigene Düngerstreuer lange Zeit ein großer Erfolg gewesen, aber nach und nach verdrängten die an den Traktor gebauten Schleuderstreuer die alten, gezogenen Walzenstreuer. Beim Schleuderstreuer wird der Kunstdünger von einer sich schnell drehenden Scheibe versprüht. Bei den Amazonenwerken wusste man, dass man auch ein solches Gerät brauchte, wollte man sich länger am Markt behaupten. Es war die Idee von Heinz Dreyer, einen Streuer mit zwei Scheiben zu bauen. Er nannte die Maschine „Amazone ZA". Diese Abkürzung stand für **Z**entrifugalstreuer **A**nbaumaschine. Das neue Produkt entwickelte sich sofort zum Verkaufsschlager, und zeitweise errangen die alten gemeinsam mit den neuen Modellen der Amazone-Streuer sogar einen Marktanteil von über 75 Prozent.

Der Anstoß zur Verbesserung der Sämaschinen kam aus Frankreich. Der Leiter des dortigen Unternehmens, das die Amazone-Zentrifugalstreuer vertrieb, wollte auch Amazone-Sämaschinen in seinen Katalog aufnehmen und schlug deshalb vor, ein moderneres Gerät zu entwickeln. Heinz Dreyer machte sich 1963 an die Arbeit, und innerhalb kurzer Zeit kam die Produktion der „D4" in Gang. Diese Maschine war als reines Anbaugerät für den Traktor konzipiert. Sie konnte von einer Person an- und abgebaut werden. Auch in anderer Hinsicht war bei der Konstruktion Wert auf ein rationales Arbeiten gelegt worden, so war die Maschine mit einem großen Säkasten versehen und mit Federdruckscharen ausgestattet worden, die schnelles Fahren ermöglichten.

Die D4 stellte eine weitere Amazone-Erfolgsgeschichte dar. Hatten bisher die Sämaschinen aus Gaste nur im norddeutschen Raum Bedeutung erlangt, so nahm nun die D4 dem Hauptkonkurrenten auf diesem Gebiet, der Hans Glas GmbH mit ihren Isaria-Drillmaschinen, die Stellung als Marktführer weg. Die Produktion der Amazone-Sämaschinen wuchs innerhalb weniger Jahre um ein Vielfaches.

Es war auch Frankreich, von woher zuerst berichtet wurde, dass sich Flüssigdünger immer mehr durchsetzte. Eine Verdrängung des festen Mineraldüngers stellte eine Gefahr für den Düngerstreuer dar. Amazone musste mit einem neuen Produkt auf diese Herausforderung reagieren. 1970 kam das Unternehmen mit einer Spritze auf den Markt, die sich sowohl für den Pflanzenschutz als auch für das Ausbringen von Flüssigdünger eignete. Die Amazone-Spritze stand zwar in Konkurrenz mit den Geräten anderer Anbieter, aber nach und nach konnte auch hier die Marktführerschaft errungen werden.

Frankreich war das wichtigste Exportland, und da angesichts des Wachstums wieder eine Erweiterung der Produktionskapazitäten anstand, entschloss man sich 1971, ein Zweigwerk im Nachbarland zu gründen. Als Standort wurde die nahe an der deutsch-französischen Grenze gelegene lothringische Stadt Forbach gewählt. Das neue Zweigwerk sollte in Zukunft eine wichtige Rolle in der Entwicklung neuer Produkte und Maschinen für den kommunalen Einsatz spielen.

Nach dem erfolgreichen Ausbau seiner Präsenz in Frankreich wagte sich das nord-

Ein Xerion Trac von Claas mit der pneumatischen Sämaschine Avant von Amazone. Vorne befindet sich der Fronttank. Das Bild zeigt gut den Vorteil mehrerer Anbauräume.

Heutige Zweigstellen der Amazonenwerke

Standort	Funktion	Gründungsjahr
Hasbergen-Gaste, Niedersachsen	Zentrale, Produktion	1883
Hude, Niedersachsen	Produktion	1957
Forbach, Frankreich	Produktion	1970
Gablingen, Bayern	Vertrieb	1976
Harworth, Großbritannien	Vertrieb	1983
Montfort L'Amaury, Frankreich	Vertrieb	1989
Leipzig, Sachsen	Produktion	1998
Kiew, Ukraine	Vertrieb	1998
Novi Sad, Serbien	Vertrieb	1998
Samara, Russland	Produktion	2006

Mähdrescher eine hervorragende eingebaute Reinigungsfunktion besaßen. Im Zuge der Konzentration auf die Kernkompetenzen sah man 1968 in Bezug auf den Kartoffelsammelroder keinen ausreichenden Grund mehr, die Produktion fortzusetzen. 1971 wurde der Stalldungstreuer zum Auslaufmodell. Die Gründe dafür waren die starke Konkurrenz und der Umstand, dass die Landwirtschaft durch den Umstieg auf Spaltenböden im Stall immer weniger Festmist produzierte.

Strukturwandel und Internationalisierung
Die Landmaschinen wurden technisch anspruchsvoller und größer. Dies spiegelte die Entwicklung in der Landwirtschaft wider. Während die Betriebe weniger wurden, vergrößerte sich die Fläche, die sie zu bewirtschaften hatten. Zudem wurden die Arbeitskräfte auf den Höfen immer rarer. Amazone kam dem steigenden Rationalisierungsbedarf in den achtziger Jahren mit der Entwicklung eines Kreiselgrubbers entgegen. Diese zapfwellengetriebene Maschine mischte mit rotierenden Zinken Pflanzenreste auf dem Acker, wie Stroh oder Gras, unter die Erde und ersparte damit häufig das Ackern. Auf ähnliche Weise funktionierte die Kreiselegge, die etwa zur gleichen Zeit eingeführt

deutsche Unternehmen auch in den Süden, nach Bayern, vor. 1976 wurde in Gablingen bei Augsburg eine Zweigstelle mit Lager, Schulungs- und Verwaltungsräumen errichtet. Die Präsenz trug dazu bei, in Bayern einen ähnlich hohen Marktanteil wie in Norddeutschland zu erreichen.

Im Laufe ihrer Geschichte hatten die Amazonenwerke ihr Produktprogramm ständig erweitert. Aber der schnelle Fortschritt führte auch dazu, dass einzelne Geräte veralteten. 1961 war die Produktion der Getreidereinigungsmaschine „Amazone" endgültig ausgelaufen, da die neuartigen

Ein Challenger mit einer Großflächensämaschine vom Typ Cirrus. Die Arbeitsgeschwindigkeit liegt im Bereich von 12 bis 16 Stundenkilometern.

wurde. Die Zinken bei der Kreiselegge sind schräg gestellt und dadurch einer geringeren Belastung ausgesetzt.

Mit einem verbesserten Zweischeibenstreuer, der eine Arbeitsbreite von bis zu 24 Metern besaß, gingen die Amazonenwerke Anfang der achtziger Jahre auf die Nachfrage nach großen Geräten ein. Die Amazone ZA-U, wie die neue Maschine hieß, zeichnete sich dadurch aus, dass der Kunstdünger schräg nach oben geschleudert wurde und so in einem Winkel auf den Boden traf, der die Pflanzen schonte. Bei der weiterentwickelten Version der Maschine, der Amazone ZA-M, wurde eine Arbeitsbreite von 36 Metern erreicht. Mit der Amazone ZA-M-ultra, die 2001 vorgestellt wurde, kann sogar eine Streuweite von 48 Metern erzielt werden.

Eine technische Weiterentwicklung stellte das Einzelkornsägerät dar, mit dem die Ama-

zonenwerke 1987 auf den Markt kamen. In Reihen angebaute Pflanzen, wie Mais oder Rüben, verlangen einen gewissen Abstand voneinander, um gedeihen zu können. Vor der Entwicklung der Einzelkornsätechnik wurde eine höhere Saatmenge ausgebracht. Im Falle der Rüben wurden beim Hacken die überflüssigen Pflanzen von Hand entfernt. Mit der neuen Amazone-Sämaschine war es möglich, die Saatmenge genau zu dosieren und den Samen im gewünschten Abstand auszubringen. Das Saatkorn wurde durch einen Luftstrom zur Säschar befördert. Die Einzelkornsämaschinen von Amazone besitzen heute eine Arbeitsbreite von bis zu neun Metern und können damit bis zu 18 Reihen gleichzeitig bepflanzen.

In den neunziger Jahren gewann die moderne Mikroelektronik im Landmaschinenbau zunehmend an Bedeutung. 1995 stellte Amazone den ersten über GPS

Zu Transportzwecken wird bei den Anhängefeldspritzen das Gestänge seitlich geklappt neben dem Behälter abgelegt.

Bautz

Landmaschinen von der Barockstraße

Josef Bautz, nach dem die von ihm gegründete Firma benannt ist, war wie viele andere Vorfahren berühmter Landmaschinen- oder Traktorenproduzenten ein einfacher Dorfschmied. Sein gleichnamiger Sohn setzte die ersten Schritte fort. Er kaufte 1909 die Saulgauer Firma Blessing, Voetteler & Co. auf und befasste sich mit der Produktion landwirtschaftlicher Erntegeräte. Zu den wichtigsten Maschinen, die Bautz anbot, um den Landwirt bei der Heuernte, der Getreideernte und der Viehwirtschaft zu unterstützen, gehörten der Grasmäher Attila und der Getreidemäher Imperator. Beide konnten in hohen Stückzahlen produziert werden. Bautz wuchs dank seiner zuverlässigen Produkte sehr schnell zu einem der großen Landmaschinenhersteller heran. Noch in den 1930ern kaufte das Unternehmen in Großauheim, das heute zu Hanau gehört, ein weiteres Fabrikgelände. Die Absicht war, für das Landmaschinen-Portfolio auch einen passenden Schlepper anzubieten.

Doch dieses Ziel konnte erst nach dem Zweiten Weltkrieg erreicht werden. Die Traktoren konnten nun zusammen mit einem kompatiblen Landmaschinenprogramm angeboten werden. Das dichte Vertriebsnetz weitete sich in den 1950er-Jahren auch in die westlichen Nachbarländer aus. Einen Höhepunkt der Firmengeschichte stellte das Jahr 1956 dar. Neben der ersten Spinne, einer ungemein erfolgreichen Sternradheumaschine mit über 100.000 verkauften Exemplaren, wurde auch der erste selbstfahrende Mähdrescher vorgestellt. Das große Problem bei Bautz war, dass man alles selbst machen wollte. So verzettelte man sich bei der Traktorenproduktion und musste diesen Produktionszweig 1962

Zu der breiten Produktpalette von Bautz gehörten auch Schlepperbinder, also Mähbinder, die von Traktoren gezogen und angetrieben wurden.

gesteuerten Düngerstreuer vor. Der Vorteil der satellitengesteuerten Navigation liegt darin, dass die Ausbringungsmenge exakt festgelegt werden kann. Dies tut nicht nur dem Geldbeutel des Landwirts, sondern auch der Natur gut. Ein weiteres Beispiel für Hightech in Verbindung mit Landmaschinen ist der Bordcomputer Amatron+, mit dem sich Sämaschinen, Feldspritzen und Düngerstreuer steuern und konfigurieren lassen. Zusätzlich ist ein Joystick-ähnlicher Multifunktionsgriff verfügbar, mit dem die Anbaugeräte ebenfalls gesteuert werden können. Das Terminal des Bordcomputers dient dann für Eingabe- und Überwachungsfunktionen.

Mittlerweile ist die Geschäftsführung der Amazonenwerke in die vierte Generation der Dreyer-Familie übergegangen. Amazone hat gezeigt, dass auch ein Familienunternehmen die Herausforderungen des Wandels in der Landwirtschaft, des schnellen technologischen Fortschritts und der Globalisierung des Marktes erfolgreich meistern kann.

schließlich aufgeben. Gleichzeitig aber wurden moderne Landmaschinen angeboten, darunter Feldhäcksler, eine Hochdruckpresse und Geräte für die Grünlandernte. Auch bei den Mähdreschern mischte man kräftig mit, zuletzt mit dem Großmähdrescher Titan.

Seit 1969 gehört der Stammsitz im württembergischen Saulgau, seit 2000 Bad Saulgau, der Firma Claas und immer noch werden Erntemaschinen hergestellt. Die Harsewinkler hatten sich gegenüber den Kaufabsichten des Konkurrenten Fahr durchgesetzt. Damit ist der Kurort an der oberschwäbischen Barockstraße noch heute ein wichtiger Landmaschinenstandort in Deutschland.

Case New Holland

McCormick, Deering, International Harvester
Case New Holland zählt zu den ganz Großen in der Landmaschinen- und Traktorensparte. Zu den Persönlichkeiten, die am Anfang der Geschichte dieses Global Players stehen, gehört Cyrus McCormick, den wir schon an anderer Stelle kennen gelernt haben. McCormick war einer der Pioniere der Mechanisierung der Landwirtschaft und hatte in

Chicago ein florierendes Unternehmen aufgebaut. Der Markt für Getreidemäher wuchs rasant, war aber von einer wachsenden Zahl von Anbietern umkämpft. In dem ungewöhnlich trockenen Sommer des Jahres 1871 wurde Chicago von einer Feuersbrunst heimgesucht, der Fabriken, Häuser, Brücken und Hunderte von Menschen zum Opfer fielen. Auch McCormicks Fabrik wurde mitsamt

McCormick wurde ebenso wie Deering noch lange Zeit als Markenname für Traktoren und Landmaschinen benutzt, obwohl beide zu einem Unternehmen zusammengewachsen waren.

Als sich McCormick, Deering und andere zu International Harvester zusammenschlossen, ging Case noch seine eigenen Wege. Hier ein Case-Getreidemäher und ein Case-Traktor.

2.000 hergestellter Getreidemäher ein Opfer der Flammen. Aber im Gegensatz zu einigen seiner Konkurrenten besaß McCormick die nötigen Mittel, ein neues, größeres und moderneres Werk an anderer Stelle aufzubauen. 1884 übernahm Cyrus H. McCormick junior, der Sohn des Gründers, die Leitung des Unternehmens, und sechs Jahre später betrug der Anteil der McCormick Harvesting Machine Company am Landmaschinenmarkt bereits 35 Prozent.

Einer der Hauptkonkurrenten zu dieser Zeit war William Deering (1826–1913), ein erfolgreicher Geschäftsmann, der 1878 ein Unternehmen aufgekauft und es zwei Jahre später nach Chicago verlagert hatte. Deering verstand zwar nicht so viel von Landwirtschaft wie McCormick, aber es gelang ihm, seine Rivalen technisch zu übertrumpfen, indem er den von John Appleby erfundenen Garnbinder in seine Mähbinder integrierte. Um seine Kundschaft mit dem nötigen Garn in ausreichender Menge und Qualität versorgen zu können, ließ er ein spezielles Werk errichten. Bis zur Jahrhundertwende war die Belegschaft seines Unternehmens auf ungefähr 7.000 Personen angewachsen. Bei McCormick fanden über 5.000 Menschen einen Arbeitsplatz.

Das moderne Gesicht von Case New Holland: Zwei nagelneue New-Holland-Mähdrescher.

Von dem starken Konkurrenzkampf beunruhigt, begannen die Nachfolger der Firmengründer mit Hilfe der Vermittlung des Bankiers J. P. Morgan Gespräche zu führen. Die Gesprächspartner kamen zu der Überzeugung, dass es vorteilhafter wäre, ihre Kräfte zu bündeln, anstatt sie im Kampf gegeneinander zu vergeuden. 1902 schlossen sich die Deering Harvester Company, die McCormick Harvesting Machine Company sowie drei weitere, im europäischen Raum weniger bekannte Landmaschinenhersteller zu einem Unternehmen zusammen. Die International Harvester Company (IHC) war geboren.

Um 1910 hatte IHC einen Anteil von 90 Prozent am amerikanischen Landmaschinenmarkt und beschäftigte alleine in Chicago und dessen Umland an die 17.000 Personen. In Deutschland errichtete die International Harvester Company 1911 ein Werk in Neuss am Rhein, das Getreidemäher, Pferderechen und Heuwender produzierte. In die Traktorenproduktion war das Unternehmen aus Chicago schon 1906 eingestiegen, aber ein wirklicher Erfolg wurde erst 1924 mit der Einführung der leichteren und preiswerteren Farmall-Modelle erzielt. Ab 1935 wurden die IHC-Traktoren auch in Deutschland produziert. Anfang der 1930er-Jahre beschäftigte International Harvester weltweit ungefähr 100.000 Mitarbeiter in 40 Fabriken. 1947 wurde in Louisville, Kentucky, das größte Traktorenwerk der Welt mit einer Produktionskapazität von 2.200 Traktoren pro Woche gebaut.

Aber IHC konnte seine Position als größter amerikanischer Landmaschinenhersteller nicht halten. Obwohl der Umsatz stieg, wurde das Unternehmen aus Chicago in den fünfziger Jahren von John Deere überholt. In den siebziger Jahren verschlechterte sich die Situation. Einzelne Unternehmensteile mussten verkauft werden und die Belegschaft verringert. Ein 1979 begonnener Streik legte die Produktion fünf Monate lang lahm. Bis die Unternehmensleitung mit den Gewerkschaften endlich einen Kompromiss ausgehandelt hatte, war die Landmaschinenbranche in eine Rezession geschlittert. Die folgenden Jahre brachten für IHC hohe Verluste. 1985 wurde die Landmaschinensparte, einschließlich des Markennamens „International Harvester", an den Mischkonzern Tenneco verkauft (der Rest des ehemaligen IHC hieß nun „Navistar International"). Nun kommt ein anderer wichtiger Name ins Spiel: Case.

Case

Jerome Increase Case (1819–1891) begann seine Unternehmerlaufbahn mit dem Bau von Dreschmaschinen. 1843 gründete er eine Fabrik in Racine, Wisconsin, am Ufer des Michigan-Sees, wo ihm Wasserkraft zum Antrieb seiner Maschinen zur Verfügung stand. Sein Unternehmen expandierte mit jedem neuen, verbesserten Dreschmaschinenmodell. 1863 schloss er sich mit drei Partnern zusammen und gründete das Unternehmen J. I. Case & Co. Die vier Teilhaber wurden als die „Big Four" bekannt. 1869 bauten sie ihre erste Dampfmaschine, die auf Rädern montiert war, aber nicht selber fahren konnte. Sie wurde von Pferden zum Einsatzort gezogen und diente meist zum Antrieb von Dreschmaschinen über einen Treibriemen. Knapp zehn Jahre später waren es schon 220 solcher Dampfmaschinen, die von der Fabrik in Racine hergestellt worden waren. Außerdem wurden die ersten Dreschmaschinen nach Übersee verschifft.

1880 wurde das Unternehmen aufgelöst und als J. I. Case Threshing Machine Company neu gegründet. Obwohl die Firmenbezeichnung die Herstellung von Dreschmaschinen als Unternehmensziel angab, waren es die Dampfmaschinen, die den

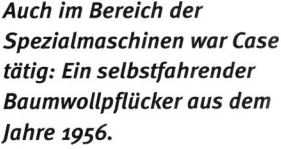

Hauptumsatz ausmachten. 1886 war die Case-Firma schon der weltweit größte Hersteller auf diesem Gebiet, und acht Jahre später hatte die Firma aus Racine auch die

Auch im Bereich der Spezialmaschinen war Case tätig: Ein selbstfahrender Baumwollpflücker aus dem Jahre 1956.

Jerome Increase Case hatte schon als Kind ein reges Interesse für Landmaschinen entwickelt.

Ein gezogener, dreirädriger Drescher von Case. Auf der Maschine war zu dieser Zeit noch eine Person zur Bedienung nötig.

in Großbritannien, Frankreich, Südafrika und Australien. Mit Baumaschinen wurde mittlerweile ein ebenso hoher Umsatz erzielt wie mit Landmaschinen.

1970 wurde Case eine 100-prozentige Tochter von Tenneco, nachdem in den Jahren zuvor der Mischkonzern aus Texas schon Aktienpakete gekauft hatte. Die Erfolgsgeschichte hielt aber ungebremst an. Zwar zog sich das Unternehmen aus dem Mähdreschermarkt zurück, kaufte aber im Gegenzug den britischen Traktorhersteller David Brown. Das Jahr 1972 bescherte Case einen Umsatzrekord, zwei Jahre später wurde die Milliardengrenze überschritten, und 1976 brachte schließlich einen neuen Rekordumsatz.

Marktführerschaft im Bereich der Dreschmaschinen übernommen.

Der Einstieg in den Traktorenbau erfolgte bei Case schon kurz vor der Jahrhundertwende. 1913 wurde ein eigenes Traktorenwerk in der Nähe von Racine errichtet. Den Anstoß gaben die verbesserten Zünd- und Vergasersysteme für Benzinmotoren. Zuerst waren es Zweizylinder-Modelle, die man verkaufte, später wurden die Zugmaschinen auch mit Vierzylinder-Motoren ausgestattet.

Angesichts der erweiterten Produktpalette wurde die Firmenbezeichnung 1928 in „J. I. Case Company" umgeändert. Die Namensänderung passte umso mehr, als man die Tätigkeit bald in andere Bereiche, wie die Baumaschinenbranche, ausweitete. Während des Zweiten Weltkriegs wurden natürlich auch Rüstungsgüter in den Case-Werken hergestellt.

Mitte der 1960er-Jahre gingen 20 Prozent der Produkte aus den Werken in und um Racine in den Export. Verschifft wurde in alle wichtigen Länder der westlichen Welt. Zusätzlich bestanden Tochterunternehmen

Case IH

Wie schon erwähnt übernahm Tenneco 1985 die Landmaschinenaktivitäten der angeschlagenen IHC. Aus der Vereinigung mit Case entstand ein neues Tochterunternehmen mit dem Namen „Case IH". Der Zusammenschluss der beiden Hersteller brachte erhebliche strategische Vorteile mit sich. Der Marktanteil für Traktoren erhöhte sich in den USA schlagartig auf 35 Prozent, das Händlernetz wurde ausgedehnter und dichter und im Bereich der Landmaschinen konnten in der Produktpalette bestehende Lücken geschlossen werden. Von besonderem Interesse waren die Mähdrescher von IHC. Eine weitere Expansion im Traktorbereich stellten die Übernahmen der Steiger-Großtraktoren aus North Dakota 1987 und der Steyr Landmaschinentechnik GmbH in Österreich im Jahre 1996 dar.

1995 erreichte Case einen Umsatz von fünf Milliarden Dollar. Vierzig Prozent davon entfielen auf die Landmaschinensparte und 35 Prozent konnten im Baumaschinenbereich erwirtschaftet werden. Nach und nach trennte sich Tenneco wieder von seinen

Anteilen, und Case IH wurde wieder eine selbstständige, an der Börse gehandelte Aktiengesellschaft.

Trotz Expansion und Kostenreduzierungsmaßnahmen schlitterte Case IH Ende der 1990er-Jahre in die Verlustzone. In dieser schwierigen Situation erfolgte der Zusammenschluss mit einem anderen wichtigen Landmaschinenhersteller, mit New Holland.

New Holland

Im Oktober 1895 eröffnete Abe Zimmerman am Rande der Stadt New Holland im Bundesstaat Pennsylvania eine kleine Reparaturwerkstatt für Landmaschinen. Aber Zimmerman begnügte sich nicht mit dem Reparieren von Maschinen, sondern baute auch selbst welche. Zu seinen Erfindungen gehörten eine tragbare Schrotmühle, ein Steinbrecher und ein frostsicherer Motor.

Die New Holland Machine Company florierte in den ersten Jahrzehnten des 20. Jahrhunderts. 1910 bestand die Belegschaft aus ungefähr 250 Personen. Doch dann kamen die schwierigen Jahre der Weltwirtschaftskrise, und das Unternehmen stand knapp vor dem Untergang. 1940 brachte New Holland jedoch eine neuartige Ballenpresse auf den Markt, mit der die Rückkehr in die Riege der bedeutenden Landmaschinenhersteller gelang. Die besondere Stärke lag im Bereich der Maschinen für die Heu- und Grünfutterernte.

1947 wurde das Unternehmen von der Rand-Sperry Corporation übernommen, um zur neuen Landmaschinensparte des Konzerns namens „Sperry-New Holland" ausgebaut zu werden. In den fünfziger Jahren eröffnete Sperry-New Holland die erste Fabrik in Großbritannien, und in den sechziger Jahren erfolgte die Übernahme eines belgischen Mähdrescherherstellers. Zu den innovativen Entwicklungen dieser Zeit gehörte ein Wagen, der die gepressten Quaderballen automatisch aufnahm und sie stapelte. Mitte der siebziger Jahre stand der Erntespezialist an fünfter Stelle auf dem Landmaschinenmarkt, hinter John Deere, International Harvester, Ford und Case.

1986 entschloss sich Ford Motors, sein Landmaschinensortiment zu vervollständigen, und Sperry-Rand seine Agrartechniksparte abzukaufen. Dies war die Gründung von Ford-New Holland. Aber vier Jahre später entschied das Ford-Management, zum Rückzug aus dem Landtechnikbereich zu blasen und die Kräfte auf einem anderen Gebiet zu bündeln. Man handelte mit Fiat, dem italienischen Autokonzern, der mit Fiat-Agri ebenfalls im Landtechnikbereich tätig war, ein Abkommen aus. Fiat bekam New Holland, und im Gegenzug übernahm Ford die europäische Lkw-Reihe von Fiat.

Seit dem Stapellauf der Xerion-Modelle im Jahre 1997 und der Übernahme der Landmaschinensparte von Renault zeigt Claas auch auf dem Traktorenmarkt eine wachsende Präsenz.

*Im Bereich der Rundballen-
pressen ist Claas nicht
mehr wegzudenken. Die
Ballen können optional
gleich in Plastikfolien ver-
packt werden.*

technik und steht an erster Stelle auf dem europäischen Mähdreschermarkt. Die Unternehmensgeschichte beginnt schon vor der eigentlichen Gründung, nämlich mit Franz Claas (1859–1928), dem einzigen Sohn einer Bauernfamilie in dem kleinen Ort Heerde. Der nahe der Ems gelegene Weiler (im norddeutschen Raum als „Bauernschaft" bezeichnet) war damals Teil der preußischen Provinz Westfalen. Heute gehört Heerde zur Gemeinde Clarholz und dem Bundesland Nordrhein-Westfalen.

Franz Claas besaß bereits in jungen Jahren ein ausgeprägtes Interesse für Technik und handwerkliches Geschick. Leider gefiel dies seinen Eltern überhaupt nicht, denn sie hatten für ihren Sohn eine Laufbahn als Tierheilkundiger vorgesehen. Eine Drechselbank, die er sich selbst angefertigt hatte, wurde von seiner Mutter eigenhändig zertrümmert.

Franz Claas trat die für ihn vorgesehene Laufbahn an. Er ging bei einem Tierarzt drei Jahre in die Lehre und eröffnete anschließend eine eigene Praxis. Nach dem Tod seines Vaters übernahm er zudem das landwirtschaftliche Anwesen. 1885 trat er in den Stand der Ehe, und schon bald wurde ihm der Stammhalter geboren. Aber während all dieser Zeit hatte ihn das technische Interesse nie verlassen. Sobald sich die Gelegenheit ergab, fing er mit der Entwicklung von Gerätschaften an. 1887 begann er, Zentrifugen zum mechanischen Entrahmen von Milch zu bauen. Er war damit so erfolgreich, dass Bestellungen für seine Geräte bis aus Nordamerika kamen. Aber er wagte sich auch an den Bau komplexerer Maschinen. Nachdem er die erste Mähmaschine in der Gegend gesehen hatte, konstruierte er ein eigenes Modell mit einer verbesserten Ablegevorrichtung, für die er ein Patent bekam. Von den Mähmaschinen wurden in den folgenden Jahren in seinem Handwerks-

Das nun zum Fiat-Konzern gehörende New Holland war Mitte der neunziger Jahre einer der größten Traktoren- und Mähdrescherhersteller. Die Mitarbeiterzahl betrug weltweit etwa 20.000 und die Produkte wurden in 100 Ländern von ungefähr 6.000 Händlern verkauft. Zukäufe kleinerer Unternehmen rundeten das Angebot ab und verstärkten die Marktpräsenz. Aber der richtige Coup gelang 1999 mit der Übernahme von Case IH, der Fiat 4,3 Milliarden Dollar kostete. Damit befanden sich der zweit- und der drittgrößte Landmaschinenhersteller unter einem Dach. Case New Holland war geboren.

Claas

Die Vorgeschichte
Das Unternehmen Claas ist einer der bedeutendsten Global Player im Bereich der Ernte-

betrieb, der bis zu 30 Personen beschäftigte, ungefähr 600 Exemplare gebaut. Nebenbei wurden auch noch Dreschmaschinen und Kartoffelroder hergestellt. Alle diese Maschinen wurden natürlich noch mit menschlicher oder tierischer Kraft angetrieben.

Zusätzlich zu seiner Tierheilpraxis und seiner Landmaschinenproduktion gründete Franz Claas um 1900 auch noch ein Lohndreschunternehmen. Dabei kamen zuerst eine, später mehrere Dreschmaschinen aus dem Eigenbau auf den Höfen der Umgebung zum Einsatz.

Die Gebrüder Claas

Franz Claas war ein praktisch veranlagter Erfinder, der die kaufmännische Seite seines Unternehmens vernachlässigte. So geschah es, dass er trotz der hohen Nachfrage nach seinen Maschinen und Dienstleistungen in finanzielle Schwierigkeiten geriet und 1915 sogar sein landwirtschaftliches Anwesen verlor. Die Familie Claas fand daraufhin ein neues Zuhause in dem kleinen Dorf Hasewinkel, das sich auf der anderen Seite der Ems, gegenüber von Heerde befand. Claas senior gab das Maschinenbauen auf und

beschränkte sich auf seine tierheilkundliche Praxis. Aber seine Söhne, deren es vier gab, hatten von ihm die Technikbegeisterung geerbt. Schon 1913 hatte August, der Zweitälteste, einen eigenen Betrieb gegründet. Im folgenden Jahr traten die Brüder Bernhard und Franz dem Unternehmen bei, und die Firma „Gebrüder Claas" wurde offiziell beim Amtsgericht eingetragen. (Theo, der Vierte im Bunde, trat dem Unternehmen erst später bei.) Kurz darauf brach jedoch der Erste Weltkrieg aus, und alle Claas-Söhne wurden zum Militärdienst eingezogen. Zum Glück überstanden die Brüder den Krieg

Ein gezogener Mähdrescher vom Typ Super-Junior, bei dem das Getreide noch von einer Person abgesackt werden musste.

Mit dem Claas Columbus kam der große Durchbruch der Mähdrescher in Deutschland.

Der Claas Dominator ist für kleinere und mittlere Betriebe gedacht. Das Schneidewerk ist allerdings so breit, dass es auf der Straße in Schlepptau genommen werden muss.

Ein Huckepack mit der Ausstattung als Mähdrescher. Man konnte die Mähdrescher-Aufbauten abnehmen und das Fahrzeug auch als Traktor einsetzen.

unbeschadet. 1919 erwarben sie in Harsewinkel mit ihrem angesparten Geld ein stillgelegtes Hartsteinwerk, das sie zu Werkstätten umbauten.

Die ursprüngliche Leistung, mit der sich August Claas selbstständig gemacht hatte, war die Reparatur von Landmaschinen fremder Hersteller, wie zum Beispiel Massey-Harris oder Hornby. Eines der anfälligsten Teile bei Stroh- und Mähbindern war der Knoterapparat. August gelang es, an dem Knoter Verbesserungen vorzunehmen, die schließlich 1921 zu einem Patent auf den

Claas-Knoter führten. Anfangs wurde der Knoter in die Fremdfabrikate eingebaut, später traten die Gebrüder Claas mit eigenen Strohbindern auf den Markt. 1923 waren Claas-Maschinen bereits auf der Royal-Show in England und ein Jahr später auf der DLG-Wanderausstellung in Hamburg vertreten. Im selben Jahr erhielt der Strohbinder die Große Silberne DLG-Münze auf der DLG-Herbsttagung in Würzburg. Ebenfalls in diesem Jahr wurde mit der Produktion von Rührwellen-Düngerstreuern begonnen.

Die Maschinen aus dem kleinen Ort Harsewinkel erwarben sich nicht nur in den heimatlichen Gefilden, sondern auch im europäischen Ausland, einen Ruf der Zuverlässigkeit. 1929 konnten sie auf der Weltausstellung in Barcelona vom internationalen Publikum begutachtet werden. Das folgende Jahr stand jedoch im Zeichen der Weltwirtschaftskrise, von der auch die Landwirtschaft nicht verschont blieb. Aber trotz der widrigen Umstände konnte in diesem Jahr die Fertigstellung des 10.000sten Strohbinders gefeiert werden. Im darauf folgenden Jahr wurde in Harsewinkel mit dem Bau von Strohpressen begonnen. Vor der Einführung der Pressen war das Stroh zwar gebunden worden, aber eine höhere Dichte und die gleichbleibende Größe der Ballen erleichterten den Transport und das Lagern. Die Strohpresse wurde gewöhnlich hinter der Dreschmaschine aufgestellt. Über eine optionale Rutsche konnten die Ballen nach dem Pressen auf den Strohboden geschoben werden. Dies bedeutete eine erhebliche Rationalisierung der schweren Arbeit, und es ist kein Wunder, dass die Nachfrage nach den Pressen trotz der schwierigen Situation enorm war. In manchem Jahr erreichte die Produktion eine Größenordnung von bis zu 3.600 Stück.

Die ersten Mähdrescher

Mähdrescher waren in den 1930er-Jahren in Nordamerika keine Seltenheit. Anfangs waren sie von Traktoren gezogen worden, später gab es selbstfahrende Modelle. In der großflächigen Landwirtschaft der Vereinigten Staaten und Kanadas war der Einsatz solcher Maschinen rentabel. Anders sah es in Deutschland aus, dessen Westen und Süden vor allem durch kleine bäuerliche Anwesen geprägt war. Und selbst den größeren Betrieben fehlten die Flächen und die nötige Motorkraft. Sollte diese Technik auch in Europa eingesetzt werden, mussten die Maschinen kleiner und billiger sein.

Selbst in den 1930er-Jahren gab es noch Fachleute, die im Einsatz von Mähdreschern keine Zukunft sahen, und kaum ein Unternehmen war bereit, die Kosten für die Entwicklung einer solchen Maschine auf sich zu nehmen. Es war schließlich die Firma Claas, die den Wagemut besaß, ein solches Projekt in Angriff zu nehmen. Unter der Leitung eines aus Bayern stammenden Ingenieurs wurde der Prototyp eines selbstfahrenden Mähdreschers gebaut. Die Entwicklung war nicht einfach und stellte einen erheblichen Aufwand für das kleine Unternehmen in Harsewinkel dar. Die ersten praktischen Versuche wurden auf den

Feldern eines Bauern in Ubbedissen, das heute zu Bielefeld gehört, durchgeführt. Aber die Technik war noch nicht ausgereift genug, um problemlos zu funktionieren.

1935 schraubten die Entwickler von Claas ihre Ambitionen um eine Stufe runter und verlegten sich auf die Konstruktion einer gezogenen Maschine, die das Getreide mähte, drosch und das Stroh band. Man nannte die Maschine deshalb „Mäh-Dresch-Binder" (MDB). Gezogen wurde sie von einem Traktor, der sie über eine Zapfwelle antrieb. Zum öffentlichen Einsatz kam der MDB zum ersten Mal auf einem Rittergut in der Nähe von Halle an der Saale. Die Vorführung war ein voller Erfolg. Mit der neuen Maschine konnten täglich 300 bis 400 Zentner Getreide geerntet werden. Für eine Einheit, also Traktor mit MDB, waren drei Personen nötig.

Mit dem Mäh-Dresch-Binder brachte Claas den ersten Mähdrescher auf den Markt, der in Europa gebaut und für europäische Verhältnisse konstruiert war. Aber auf dem alten Kontinent eignete er sich doch auch nur für Großbetriebe. Man errechnete, dass er ab einer Fläche von 62,5 Hektar rentabel war. Landwirtschaftliche Betriebe von dieser Größe gab es in Süddeutschland kaum. Es waren vor allem die großen Güter

Der Deutz-Traktor F2L 514-6 hatte mit 34 PS Ende der fünfziger Jahre genügend Kraft, um diese Vollerntemaschine von Claas zu ziehen und an der Motorzapfwelle anzutreiben.

Der Schwader vom Typ Liner 880 ist mit einer Arbeitsbreite von bis zu 8,25 Metern für den Einsatz auf großen Flächen vorgesehen.

in Mittel- und Ostdeutschland, die als Zielgruppe in Frage kamen.

Trotz der relativ beschränkten Zahl von landwirtschaftlichen Betrieben, die für den Kauf eines Claas-Mähdreschers in Betracht kamen, konnte 1939 bereits das hundertste und 1941 das tausendste Exemplar ausgeliefert werden. Aber zu dieser Zeit war der Zweite Weltkrieg bereits in vollem Gange, und auch der Landmaschinenhersteller aus Harsewinkel blieb von diesem weltgeschichtlichen Ereignis nicht verschont.

Super und Super-Junior

Die hohen Produktionszahlen während der ersten Kriegsjahre sollten nicht darüber hinwegtäuschen, dass es für die Firma Claas schwierig war, den Bau der Maschinen aufrechtzuerhalten. Es musste ständig nach Quellen für den Bezug des benötigten Materials gesucht werden. 1943 kam dann das Aus für die Landmaschinenherstellung. In den letzten Jahren des Krieges durften nur

noch Rüstungsgüter produziert werden. Trotzdem war es möglich, nebenbei noch an einer Verbesserung des Mäh-Dresch-Binders zu arbeiten. Einige Versuchsexemplare des neuen Modells mit der Zusatzbezeichnung „Super" konnten sogar noch auf Feldern in Sachsen erprobt werden. Was den „Super" von seinem Vorgänger unterschied, war die Bauweise im Quer-Längsfluss-System. Der erste Mäh-Dresch-Binder war noch in der Querflussbauweise konstruiert worden. Das heißt, die funktionalen Einheiten des Mähdreschers waren nebeneinander angeordnet. Das Mähwerk befand sich auf der linken Seite der Maschine, rechts davon wurde das Getreide gedroschen und das gebundene Stroh wurde auf der rechten Seite ausgeworfen. Der Nachteil von dieser Bauweise war, dass die Maschine nicht beliebig erweitert werden konnte, da eine große Breite ein Problem darstellte. Mit dem Quer-Längsfluss-System wurden die Einheiten teilweise hintereinander angeordnet.

In der unmittelbaren Nachkriegszeit war an eine schnelle Wiederaufnahme der Landmaschinenproduktion nicht zu denken. Im Sommer 1946 stellte die britische Militärverwaltung der Firma Claas aber acht Hanomag-Schlepper zur Verfügung, um in einer Schnellaktion die Ernte in den westrheinischen Gebieten einzubringen. Bei dieser Gelegenheit kamen die drei vorhandenen Super zum Einsatz.

Durch den erfolgreichen Probelauf des Claas-Mähdreschers aufmerksam geworden, konfiszierten Vertreter der Militärregierung eine der Maschinen und schickten sie zum Testen nach Großbritannien. Dies war ein Glücksfall für Claas, denn der Super bestand die Tests sehr gut. Bald konnte die Produktion in Harsewinkel wieder aufgenommen werden, und die ersten dreizehn Maschinen wurden nach Großbritannien exportiert. In den nächsten Jahren wurden hunderte von Mähdreschern hergestellt, die aber zu 95 Prozent in den Export gingen. Die ehemaligen großen deutschen Güter kamen zum Großteil nicht mehr als Kunden in Frage, da sie sich dank des Kalten Krieges hinter dem eisernen Vorhang befanden.

Um die westdeutschen Landwirte bedienen zu können, musste ein kleineres, billigeres Modell her. Es sollte auch von den Schleppern, mit denen in Westdeutschland die rasante Motorisierung einsetzte, gezogen werden können. Das Ergebnis war der Super-Junior, der 1953 auf den Markt kam und von dem bereits im ersten Jahr annähernd 1.500 Exemplare verkauft wurden. Dieser Mähdrescher forderte dem Traktor allerdings eine Zugkraft von mindestens 25 PS ab, was in den fünfziger Jahren die kleinen und auch die meisten mittleren Betriebe noch überfordert hat.

Die Super-Baureihe wurde in den folgenden Jahrzehnten noch weiterentwickelt und den sich wandelnden Anforderungen und

technischen Entwicklungen angepasst. Der Super hatte die Ehre, eine der wenigen Landmaschinen zu sein, die auf einem Geldschein abgebildet wurden. Man konnte ihn bis 1976 auf einem 50-Francs-Schein des Großherzogtums Luxemburg beim Abernten eines Getreidefeldes bewundern.

Das letzte Super-Exemplar verließ 1978 die Werkshalle von Claas.

Die ersten selbstfahrenden Mähdrescher

Die ersten Mähdrescher, die fahren können, waren bereits 1938 von Massey-Harris eingeführt worden. International Harvester, John Deere und andere hatten in der Zeit nach dem Zweiten Weltkrieg ihre eigenen Mähdrescher entwickelt. Aber für diese nordamerikanischen Maschinen galt, was auch auf die gezogenen Mähdrescher zutraf: Sie waren für europäische Verhältnisse ungeeignet.

Die Entwickler von Claas machten sich schon Anfang der 1950er-Jahre daran, einen Selbstfahrer zu entwickeln, der auf die Anforderungen der westeuropäischen Landwirtschaft zugeschnitten war. Die Unterschiede lagen nicht nur in der Größe der

Das Entleeren des Korntanks kann gleich während der Fahrt erfolgen.

Mit dem automatischen Hangausgleichsystem klappt das Dreschen auch in schiefen Lagen.

Felder, sondern zum Beispiel auch in der zu erhaltenden Länge des Strohs, das in der europäischen Landwirtschaft noch immer zum Einstreuen im Stall verwendet wurde.

1953 lief der erste Claas-Selbstfahrer vom Stapel. Das Fahrzeug besaß anfangs die Bezeichnung „Hercules", wurde aber später in „SF" (Selbstfahrer) umbenannt, da der Markenname bereits anderweitig geschützt war. Im Gegensatz zu den gezogenen Modellen war man beim SF ganz auf das Längsfluss-System umgestiegen, das heißt, die funktionalen Einheiten lagen nun alle hintereinander. Die Idee der selbstfahrenden Mähdrescher hatte nicht nur seine Befürworter, sondern auch seine Gegner. Die Selbstfahrer kosteten bedeutend mehr als die gezogenen Maschinen, erbrachten aber nicht mehr Leistung. Sie stellten eine erhebliche Investition dar, konnten aber nur während der Erntezeit eingesetzt werden. Andererseits nahm ein gezogener Mähdrescher einen leistungsstarken Traktor in Beschlag. Und der Erfolg gab dem Konzept der Selbstfahrer letztendlich recht.

Schon kurz nach dem Produktionsstart des ersten Selbstfahrer-Modells, wurde an einer Weiterentwicklung gearbeitet. Das Ergebnis war der SF 55, wobei die Zahl für das geplante Erscheinungsdatum stand. Zu den Verbesserungen gehörten unter anderem die größere Bereifung, durch die der Bodendruck verringert werden sollte, die Rutschkupplung, die einstellbare Tiefenbegrenzung des Schneidewerks und die leichtere Zugänglichkeit der eingebauten Teile. Die Motoren wurden von Anfang an von Perkins bezogen. Allerdings begann Claas bereits 1953 mit der Produktion eigener, luftgekühlter Motoren, um eine Abhängigkeit von Zulieferern zu vermeiden. Der Motorenbau in Harsewinkel war durchaus erfolgreich, konnte aber mit der unerwartet hohen Nachfrage nicht mithalten, sodass die Motoren doch wieder von Perkins bezogen werden mussten.

In den fünfziger Jahren arbeiteten viele Traktorhersteller an Geräteträgern, das heißt, an Traktoren, die mehrere Anbauräume besaßen und deshalb mit mehreren

Maschinen gleichzeitig arbeiten konnten. Bei Claas versuchten die Konstrukteure, an diesem Konzept anzuknüpfen und gleichzeitig dafür eine Lösung zu finden, dass der Mähdrescher die meiste Zeit des Jahres ungenutzt in der Halle stand. Das Ergebnis war der „Huckepack", eine Kombination aus Mähdrescher und Geräteträger. Mit den Mähdrescherauf- und -anbauten sah das Fahrzeug wie ein normaler selbstfahrender Mähdrescher aus. Ohne die Mähdrescherausstattung glich es einem Geräteträger mit zwei Holmen, bei dem der Fahrer auf einer erhöhten Plattform saß. Die ursprüngliche Idee war gut: Vor der Ernte konnte man am Huckepack Egge, Sämaschine und ähnliche Geräte befestigen und damit die Felder bestellen, zur Erntezeit konnte man ihn zum Mähdrescher umbauen, und nachher wieder zu anderen Zwecken einsetzen. Letztendlich gewann der Huckepack aber kaum Anhänger unter den Anwendern. Der Motor des Fahrwerks war für den Antrieb eines Mähdreschers zu schwach, weshalb das Dreschwerk noch mit einem zweiten, stärkeren Motor ausgestattet worden war. Aber selbst beim Einsatz als reiner Geräteträger hatte das Fahrzeug – wie die Geräteträger anderer Hersteller – mit der zu geringen Motorleistung zu kämpfen. Der Umbau konnte Schwierigkeiten mit sich bringen, vor allem, wenn Verbindungsteile verloren gingen. Die Nachfrage nach dem Huckepack blieb gering, während die Verkaufszahlen für die konventionellen Mähdrescher in die Höhe schossen. 1960 wurde die Produktion des Traktor-Mähdreschers wieder eingestellt.

Die ersten Selbstfahrer von Claas waren für die kleinen und mittleren Landwirte in Deutschland immer noch zu teuer. Sie benutzten meist noch stationäre Dreschmaschinen. 1958 kam Claas jedoch mit einem neuen Mähdrescher namens „Europa" für nicht so zahlungskräftige

Kunden auf den Markt. Kurz darauf folgte ein noch preiswerterer Selbstfahrer mit der Bezeichnung „Columbus". Diese beiden Modelle eroberten die Getreidefelder der kleineren Betriebe und trugen entscheidend zur Rationalisierung der Erntearbeit bei. Der Europa besaß eine Schnittbreite von 2,10 Metern und wurde wahlweise von einem 45 PS starken Dieselmotor oder von einem 38-PS-VW-Benzinmotor angetrieben. Beim Columbus betrug die Schneidewerksbreite 1,80 Meter. Auch bei ihm konnte man zwischen einem 34-PS-Dieselmotor und einem 29-PS-Benzinmotor von VW wählen. Die beiden Modelle entwickelten sich zu den meistverkauften Mähdreschern aus Harsewinkel.

Bei all dem Erfolg mit den kleinen, erschwinglicheren Modellen wurde die Zielgruppe der Großbetriebe aber nicht vergessen. 1961 kam der Matador, der Nachfolger

Ohne die Mähdrescher-Aufbauten ließ sich der Huckepack als Traktor einsetzen.

Die Pick-up-Hochdruckpressen führte Claas in den 1950er-Jahren ein.

Mit seinen 623 PS Nenn-leistung ist der selbstfah-rende Häcksler Jaguar 900 auch für anspruchsvolle Arbeiten gerüstet.

des SF auf den Markt. Er richtete sich an Be-triebe mit einer Größe von mindestens 40 Hektar. Es gab ihn in zwei Ausführungen: dem Matador Standard mit einem 62 PS starken Dieselmotor und dem Matador Gigant mit einer Leistung von 87 PS. Für die beiden Modelle wurden Schneidewerke in einer Breite von 2,60 bis sechs Metern ange-boten. Ab einer Breite von drei Metern mus-ste das Schneidewerk für den Straßenverkehr abgenommen und auf einem Schneidewerks-wagen angehängt werden. Ein Matador spielte 1962 bei einem Betriebsjubiläum eine besondere Rolle: Er war der 100.000ste ausgelieferte Mähdrescher.

Die Matadore waren für Großbetriebe ge-dacht, Europa und Columbus für kleinere und mittlere Anwesen. Zwischen diesen Baureihen klaffte eine Lücke, die 1963 mit dem Mittelklasse-Mähdrescher Mercur ge-schlossen wurde.

Wachstum und Expansion

Das rasante Wachstum der 1950er-Jahre brachte das Claas-Werk in Harsewinkel trotz aller Erweiterungen bald an den Rand seiner Kapazität. Die fünfziger Jahre waren die Zeit des Wirtschaftswunders und der Vollbe-schäftigung. Ein weiterer Ausbau hätte nicht viel gebracht, da die Arbeitskräfte in der

Gegend um Harsewinkel fehlten. Der Erwerb eines ehemaligen Flughafengeländes am Stadtrand von Paderborn bot die Möglich-keit, ein Zweigwerk aufzubauen. Paderborn war zudem eine Stadt, sodass mehr Arbeits-kräfte verfügbar waren als in der ländlichen Gegend von Harsewinkel.

1955 wurde mit den ersten Arbeiten am Zweigwerk begonnen, und im September des folgenden Jahres konnte es offiziell in Betrieb gehen. Ursprünglich war es für die Produktion von Getrieben und Achsen zu-ständig. Heute ist das Werk in Paderborn der Sitz der Claas Industrietechnik (CIT) und auf Antriebstechnik und Hydraulik spezialisiert. Achsen werden immer noch produziert, und zwar nicht nur für Claas-Maschinen, sondern auch für andere Landtechnikhersteller. Die Hydrauliktechnik wird ebenfalls an verschie-dene Hersteller der Land- und Baumaschi-nenbranche geliefert. Rund 550 Mitarbeiter sind heute in dem Paderborner Claas-Werk beschäftigt.

Eine weitere Möglichkeit zur Expansion ergab sich mit dem Erwerb eines Grund-stücks in der nördlich von Metz liegenden Gemeinde Woippy. 1959 wurde in der loth-ringischen Gemeinde mit den Bauarbeiten begonnen, und 1962 konnte die Produktion aufgenommen werden. Das Werk war für den Bau von Strohpressen bestimmt. Schon 1978 konnte die Fertigstellung der 100.000sten Presse gefeiert werden. Bis 1985 war die Stückzahl auf 200.000 gestie-gen. Heute arbeiten rund 450 Personen in Woippy für Claas.

Das dritte Zweigwerk hat eine besondere Geschichte. Es liegt in Saulgau, das seit 2000 Bad Saulgau heißt, im südlichen Baden-Württemberg. Dort produzierte die Firma Bautz Landmaschinen, zu denen auch eigene Mähdrescher gehörten. Aber das Saulgauer Unternehmen befand sich ange-sichts der einsetzenden Marktkonsolidierung auf dem absteigenden Ast. 1969 wurde es von Claas übernommen. Der Firmenname Bautz wurde jedoch beibehalten. Erst 1980 fand die Umbenennung in „Claas Saulgau GmbH" statt. Das Tochterunternehmen ist bis heute für die Herstellung von Futtererntemaschinen zuständig. Es sind ungefähr 550 Mitarbeiter, die in Bad Saulgau beschäftigt sind.

Vom Senator zur Rundballenpresse

In den 1960er-Jahren brachte Claas in schneller Folge eine Reihe neuer Mähdrescher auf den Markt. Der Grund dafür war die Sättigung desselben. Anfang der sechziger Jahre hatten die Mähdrescherverkäufe in Deutschland ihren Höhepunkt erreicht. Danach waren sie eingebrochen. Angesichts der schwierigen Marktlage war es wichtig, die Technologieführerschaft auf diesem Gebiet zu behalten. Eines der ersten Modelle dieser neuen Produktfamilie war der 1966 vorgestellte Senator. Er besaß eine Schneidewerksbreite von drei bis 4,20 Metern und wurde von einem 105 PS starken Dieselmotor angetrieben. Von den reinen Leistungsverbesserungen abgesehen, hatten die Konstrukteure auch Wert auf einen optimaleren Arbeitsplatz gelegt. Der Fahrerstand war mit einer verstellbaren Lenksäule versehen, die Bedienhebel waren ergonomisch angeordnet, der Fahrersitz war gepolstert und gefedert, und die hydrostatische Lenkung schonte die Kräfte des Fahrers.

In früheren Jahren hatte man das Augenmerk vor allem darauf gerichtet, dass der Mähdrescher funktionierte und erschwinglich war. Auf das Design hatte kaum jemand Wert gelegt. Beim neuen Senator war das anders. Um den Mähdrescher auch äußerlich anspruchsvoll zu gestalten, engagierten die Harsewinkler das Designbüro Igl in Rosenheim. Das Ergebnis waren neue Konturen und ein eleganteres Aussehen. Die sil-bergraue Farbe war einem Grün gewichen, das als „Saatengrün" bezeichnet wurde.

1967 kam der Mercator auf den Markt. Es handelte sich dabei um den kleineren Bruder des Senator. Der Unterschied lag vor allem in der etwas geringeren Leistung. Eine weitere Ergänzung der Mähdrescher-Reihen erfolgte ein Jahr später mit dem Protector, den es in einer Version mit einem Vierzylinder- und einer anderen mit einem Sechszylinder-Motor gab. Er besaß eine Schneidewerksbreite von 2,70 Metern und rundete das Programm nach unten ab. Nach kleineren technischen Änderungen wurde der Senator in Mercator 70 umbenannt, der Protector wurde in die beiden Modelle Mercator 60 und Mercator 50 umgewandelt. Die größeren Modelle wurden in den sechziger Jahren unter anderem in die Vereinigten Staaten exportiert und dort mit blauem Anstrich als Ford-Mähdrescher verkauft.

Obwohl der Trend eindeutig in Richtung größer und stärker ging, hatte man bei Claas die kleineren Betriebe nicht vergessen. Als Nachfolger des Columbus wurde eine Reihe von Modellen mit den Namen Consul, Cosmos, Comet und Corsar eingeführt. Die einzelnen Modelle unterschieden sich nur in Details. Der Consul besaß vier Schüttler, während es sich bei den anderen um Drei-Schüttler-Maschinen handelte. Die Breite der Schnittwerke reichte von 1,80 bis drei Meter. Als Antrieb diente noch der VW-

Als Vorgänger der Pressen kann man die Strohbinder betrachten, die meist in Verbindung mit stationären Dreschmaschinen eingesetzt wurden.

Schon in den 1970er-Jahren begann Claas mit der Entwicklung von Zucker-rohr-Vollerntern für den Export.

Industriemotor, nur der Consul besaß einen 68-PS-Dieselmotor.

Während die Entwicklung neuer Mähdre-scher-Modelle in einem rasanten Tempo weiterging, wurde das Programm um neue Produkte erweitert. 1971 wurde ein Zucker-rohr-Vollernter entwickelt, 1973 konnte dem interessierten Publikum der erste selbstfah-rende Feldhäcksler vorgestellt werden, und 1976 stieg Claas mit dem „Rollant" bei den Rundballenpressen ein.

Mit dem Jaguar zum Häckseln

In den sechziger und siebziger Jahren be-gann sich ein anderer Trend in der Land-wirtschaft durchzusetzen, worauf Claas rea-gieren musste. Es wurde immer mehr Mais zur Verfütterung und Silage angebaut. Der Mais wurde von gezogenen Maschinen ge-häckselt, aber bald wurde der Ruf nach selbstfahrenden Feldhäckslern laut. Claas hatte bereits einen gezogenen Feldhäcksler mit dem Namen „Jaguar 60" im Angebot. Dieser wurde mit vorhanden Bauteilen aus der Mähdrescherfertigung zu einem Selbst-fahrer umgebaut. Der Jaguar 60 SF stand 1973 rechtzeitig zur Ernte bereit.

Die Entwicklung ging mit schnellen Schrit-ten voran. Bald verlangte der Markt nach

größeren Selbstfahrern. Einige Großbetriebe und Lohnunternehmer kauften bereits leis-tungsstärkere Feldhäcksler von Herstellern aus den USA. Claas reagierte darauf mit der Entwicklung des Jaguar 80, der im Vergleich zu seinem Vorgänger mit einer größeren Häckseltrommel und Einzugswalze sowie einem neuen Wurfgebläse ausgestattet war. Der Jaguar 80 wurde von einem 80 PS star-ken Motor angetrieben. Eine weitere Neue-rung war der Claas-Lenkautomat, der den Fahrer beim Steuern unterstützte. Bei dieser Vorrichtung tastete ein Bügel im Maisgebiss die Reihen ab und schickte Impulse zum automatischen Lenken an den Selbstfahrer.

Dies war erst der Anfang. Neue Jaguar-Modelle kamen in schneller Folge. Beson-dere Merkmale waren dabei die ständig stei-genden Motorleistungen, die bei einem Modell sage und schreibe bis zu 605 PS betragen konnte. Die steigende Kraft ermög-lichte immer breiter werdende Maisgebisse. Optional konnte ein Metalldetektor einge-baut werden, um Schäden durch aufgenom-menes Metall zu vermeiden. Und natürlich wurde die Fahrerkabine nicht vergessen, deren Bedienelemente ergonomisch einge-richtet wurden und die den Fahrer vor Lärm und Vibrationen schützte.

Die Strukturveränderung in der Land-wirtschaft hatte auch Auswirkungen auf die Grünfutter-Erntetechnik. Die größer werden-den Flächen verlangten nach breiteren Mäh-werken. Hatte bis in die sechziger Jahre der Mähbalken des Traktors noch seine Aufgabe erfüllen können, so wurden nun Mähwerke mit rotierendem Schneidewerkzeugen ein-gesetzt. Ein weiterer Schub in Richtung grö-ßere Mähwerke kam durch die Öffnung des osteuropäischen Marktes, in dem großflä-chige Agrarbetriebe existierten. Für ganz große Betriebe und Lohnunternehmer ent-wickelte Claas den Cougar, der eine Arbeits-breite von 14 Metern erreichte.

Eine wichtige Funktion im Ausbau der Futtererntetechnik übernahm das ehemalige Bautz-Werk in Saulgau. Dort wurden die ursprünglich von Bautz entwickelten Geräte zur Grünfutterernte weitergebaut und erweitert. Dazu gehörten Wender und Schwader, die ebenfalls eine immer größere Arbeitsbreite erreichen. 1971 stellte Claas einen 4-Kreisel-Wender vor, der eine Arbeitsbreite von 4,30 Metern besaß. 1978 konnten schon Wender mit einer Arbeitsbreite von 5,40 Metern bezogen werden, 1986 betrug dieser Wert 7,40 und 1997 9,80 Meter. Der neue Volto 1320 T erreicht eine Arbeitsbreite von 13 Metern. Ähnlich verlief die Entwicklung bei den Schwadern.

Ein internationaler Konzern

Anfang der 1990er-Jahre erlebte die europäische Landwirtschaft eine Rezession, die an den Landmaschinenherstellern nicht spurlos vorüberging. Auch Claas war davon betroffen. Anschließend begann für das Harsewinkler Unternehmen eine Wachstumsphase mit durchschnittlichen järlichen Umsatz-

steigerung von 10 Prozent. Heute sind die Landmaschinen von Claas auf allen Kontinenten und in fast allen Ländern vertreten. Einen entscheidenden Anteil daran hat die Mähdrescher-Sparte. Lexion, Mega, Medion und Dominator sind mit modernster Technik ausgestattete Maschinen, die ein effizientes Arbeiten ermöglichen und dem Fahrer einen gesundheitsschonenden, komfortablen Arbeitsplatz bieten. Seit der Übernahme der Landtechniksparte von Renault ist Claas auch mehr und mehr auf dem Schleppermarkt vertreten. Claas hat zwar seinen Sitz nach wie vor in dem kleinen Ort Harsewinkel, ist aber zunehmend international geworden. Zweigwerke und Tochterunternehmen befinden sich in Frankreich, Ungarn, den USA, Indien und Russland.

Deutz-Fahr

Die Geschichte von Deutz-Fahr ist noch nicht so alt. Seit 1961 war der Traktorenmarktführer Deutz (Klöckner-Humboldt-Deutz) bei Fahr eingestiegen. 1969 wurde eine Deutz-Fahr Vertriebs GmbH gegründet. Zehn Jahre später ist aus dem Bereich Landtechnik die Firma Deutz-Fahr geworden. Diese Allianz lief gut, doch 1995 verkaufte das Unternehmen seine Agrarsparte an Same aus Italien.

Mit dem Zapfwellenbinder Z1 zeigte Fahr seine Kompetenz in Sachen Getreideernte.

Die Firma Fahr gehörte in Deutschland zu den Pionieren in der Entwicklung selbstfahrender Mähdrescher. Die Nachfolger des Mähdreschers MDL werden allerdings heute nicht mehr in Deutschland gefertigt.

Vom Halm in den Sack, so sauber und schnell ernten Sie jetzt mit dem **FAHR**-MDL

Fahr

Die Gottmadinger Firma Fahr hat eine lange Tradition als Hersteller landwirtschaftlicher Maschinen. Johann Georg Fahr hatte 1870 eine Fabrik gegründet, die sich ab 1911 auf die Herstellung von Erntemaschinen spezialisierte. Geräte wie der Getreidemäher Greif mit Flügelablage von 1909, Heuwender, Mähbinder und Pferderechen standen auf der Produktliste. Bei Ausbruch des Ersten Weltkriegs standen etwa 400 Mitarbeiter bei

Fahr in Lohn und Brot. Der Export in die nahe gelegene Schweiz war für die kommenden Krisenzeiten ein wichtiges Standbein.

Nach dem Waffenstillstand schloss man mit Krupp, das gemäß der Bestimmungen des Versailler Vertrags auf zivile Produkte umstellen musste, einen befristeten Vertrag über eine Kooperation von Herstellung und Vertrieb. Dies war der Beginn der Tradition, punktuell mit anderen großen Anbietern zusammenzuarbeiten. Später tat man dies auch mit Güldner und KHD.

Als Johann Georg der Zweite 1930 das Werk seinem gleichnamigen Nachfolger übergab, konnte er stolze Zahlen von 1.300 Beschäftigten und fast elf Millionen Reichsmark Umsatz präsentieren. Fast unaufhaltsam schien der Weg Fahrs an die Spitze zu den Verkaufsgiganten zu führen. 1938 war das Jahr, in dem die nationalsozialistische Bauernpolitik von der sensenschwingenden Naturmenschenideologie auf die Technisierung der Landwirtschaft umschwenkte. Jetzt wurden plötzlich Traktoren immer gefragter. Das bedeutete für die angehängten Geräte, die nun von Gespann- auf Traktorbetrieb umgestellt wurden, so manche Änderung. Vor allem wurde es mit den stärkeren Traktoren möglich, schwerere Arbeitsgeräte einzusetzen. Fahr schaffte diese Umstellung und konnte sich gleichzeitig auch als Schlepperbauer etablieren. In vielen Punkten war man seiner Zeit weit voraus, so wurde schon Ende der dreißiger Jahre an Prototypen eines selbstfahrenden Mähdreschers gearbeitet, dessen Serienproduktion allerdings der ausbrechende Krieg verhinderte. Dieses Fahrzeug sollte die verschiedenen Arbeitsgänge, die zu leisten waren, bis das Getreide geerntet und eingelagert war, vereinfachen. Der Mähdrescher sollte in einem Arbeitsgang mähen, dreschen, das Stroh abscheiden und das Korn verpacken.

MD 5660 HTS im Arbeitseinsatz.

Zu dieser Zeit beschäftigte das Unternehmen bereits 3.000 Mitarbeiter. Im Krieg musste ein Großteil der Arbeiter für die Fertigung von Panzerzubehör und Munition abgestellt werden. Alliierte Bomber beschädigten das Fabriksgelände und alliierte Militärs schlossen das Werk 1945 erst mal komplett. Bereits 1946 aber konnte die Familie Fahr ihren Betrieb wieder eröffnen. Statt Waffen wurden jetzt Produkte zum täglichen Überlebenskampf gebaut. Das war von den Siegern erlaubt worden. Doch schon bald durfte man bei Fahr wieder voll ins Landmaschinengeschäft einsteigen. 1951 stellte Fahr auf der Hamburger DLG-Ausstellung gleich zwei Meilensteine vor, den ersten selbstfahrenden Mähdrescher Deutschlands, MD 1, und den ersten deutschen Trommelfeldhäcksler.

Zehn Jahre später hatte Fahr schon 27.000 Mähdrescher hergestellt. Statt des Schaltgetriebes zu Beginn der Produktion verfügten die Mähdrescher nun über einen stufenlosen Antrieb, sie wurden immer größer und leistungsfähiger. Fahr war der größte europäische Landmaschinenproduzent. Weit über eine Million Geräte und Fahrzeuge waren bis dahin zusammengebaut worden. Das Programm umfasste unter anderem Grasmäher, Getreidemäher, Zetter, Schwadwender, Gabelheuwender, Rechen, Bindemäher und Traktoren.

Für das neunzigjährige Firmenjubiläum beschenkte sich Fahr selbst mit dem ersten Kreiselheuer, einer ebenso genialen wie einfachen Erfindung. Ein Schmied aus Memmingen hatte diese Idee, die es möglich machte, das Heu bei hoher Geschwindigkeit aufzunehmen und hervorragend durchmischt breitzustreuen. Der Kreiselheuer sicherte die führende Position von Fahr in der Produktion von Erntemaschinen. Doch der Familie war immer klar, dass ohne Geld von außen die Anforderungen an ein

Der Kreiselmäher 3.23 FS ist ein modernes Gerät zum Grasmähen. Hier ist er an einen Agroplus 70 von Deutz-Fahr angebaut.

wachsendes Unternehmen nicht zu erfüllen sind. Deshalb ging man immer wieder Kooperationen ein. Jetzt waren ja auch noch Pressen, Eggen und Stalldungstreuer im Angebot. Man suchte trotz einer bestehenden Zusammenarbeit mit Güldner auf dem Traktorensektor die Nähe zu KHD. Dort war man überzeugt, dass eine Produktion von Traktoren allein auf lange Sicht nicht von Erfolg gekrönt war, wenn man nicht auch die Landmaschinen dazu verkaufen konnte. John Deere und andere machten es vor: Alles aus einer Hand anzubieten war ein lohnendes Geschäft. Deshalb war die „Elefantenhochzeit" – größter Traktorenbauer und größter Landmaschinenproduzent – damals ein Erdrutsch. Fahr stellte über Nacht seine eigene Schlepperproduktion ein, baute noch eine Zeitlang den 15-PS-Deutz und konzentrierte sich voll auf die Erntemaschinen. Mit zusätzlichem Geld aus Köln konnte die Fertigung sogar noch erweitert werden. Schon ein Jahr später war der höchste Personalbestand des Unternehmens zu verzeichnen.

Eine Lücke im Programm fand sich auf dem Platz des Großmähdreschers. Eine Vereinbarung mit dem belgischen Hersteller

Der MD 5660 HTS ist das kleinere Modell mit Turbo-Separator. Er darf auf der Straße bis 20 km/h fahren, Exportmodelle bringen es auf 30 km/h. Das Mähwerk wird einfach hinten angehängt.

Köln – den Verkauf der beiden Marken Deutz und Fahr organisierte. Die traditionellen Farben Grün für Deutz und Rot für Fahr blieben zunächst erhalten. Ein anderer Roter kam noch hinzu, als 1970 die Lauinger Firma Ködel & Böhm übernommen wurde. Lauingen wurde als Zweitwerk von Fahr organisiert, beide Fabriken eng verzahnt. Die Arbeit wurde so verteilt, dass im ehemaligen Köla-Werk die komplette Mähdrescherproduktion konzentriert wurde, während bei Fahr die Herstellung aller übrigen Landmaschinen lag. Gottmadingen konnte 1973 eine besondere Leistung feiern: Eine halbe Million Kreiselheuer waren jetzt gebaut worden und das in nur zwölf Jahren! Im selben Jahr verließ der Letzte der Fahr-Familie das Unternehmen. KHD übernahm nun den Betrieb völlig, die bisherige Fahr AG wurde ganz in den Konzern integriert. In den achtziger Jahren waren Mähdrescher der 35/36-er Baureihe sehr erfolgreich. 1989 wurde die HC- und Turbo-Separator-Technik eingeführt. Ein Jahr vorher hatte man sich von Fahr in Gottmadingen getrennt und an Greenland aus den Niederlanden abgegeben. Heute

Claeys sah eine Arbeitsteilung und gegenseitigen Vertrieb bei Mähdreschern vor: Fahr bekam die kleinen und mittleren Modelle, die Belgier die großen. Diese Allianz zerbrach, als New Holland Claeys aufkaufte. Die Entwicklungsphase dauerte im Anschluss drei Jahre, ehe mit den beiden Modellen M 1000 und M 1200 die passenden Fahrzeuge marktfähig waren.

KHD stieg immer weiter in das Unternehmen ein und übernahm 1968 die Aktienmehrheit. Kurz darauf wurde die Deutz-Fahr Vertriebs GmbH gegründet, die – mit Sitz in

Die großen Mähdrescher der Gegenwart sind bei Deutz-Fahr die der Baureihe 56. Vor allem Lohnunternehmer kaufen diese Fahrzeuge sehr gern.

sitzt dort Kverneland, doch die Beschäftig-
tenzahl ist auf etwa 350 Menschen zusam-
mengebrochen. Das ehrgeizige Engagement
auf dem amerikanischen Markt musste
ebenfalls eingestellt werden.

Zu den beliebtesten Mähdreschern der
neunziger Jahre wurde die TOPLINER-
Baureihe, die 1991 vorgestellt wurde. Ein
Jahr später folgte die STARLINER-Serie im
mittleren Leistungsbereich. Wiederum ein
Jahr darauf rundeten die POWERLINER das
Sortiment nach unten ab: in der Leistungs-
klasse bis 150 PS. Diese Baureihe wandte
sich vor allen an die Landwirte, die nicht mit
Lohnunternehmern zusammenarbeiten, sondern selbst Hand anlegen wollten. Mit der
Einführung des Balance-Systems für vollau-
tomatischen Hangausgleich bis 20 Prozent
am Seitenhang und bis 6 Prozent bei
Steigungen oder Gefälle sorgte Deutz-Fahr
1995 für eine weitere Erweiterung des
Leistungsspektrums seiner Mähdrescher.
Die Agrotronic C überwachte elektronisch
die 22 wichtigsten Betriebszustände. Mit
dem TOPLINER 8 XL bauten die Lauinger den
größten Schüttler-Mähdrescher der Welt mit
einem 408-PS-Motor und einem 10.500 Liter
fassenden Korntank. Doch es kam wie so oft
in dieser Branche zu jener Zeit: Die Kölner
gerieten in die Krise.

Um überleben zu können, wurde 1995 der
komplette Landmaschinenbereich an die italienische Same-Gruppe aus Treviglio verkauft. Da das Gelände in Lauingen im Kaufpreis inbegriffen war, Köln jedoch nicht, zog
Same die komplette Traktorenfertigung vom
Rhein ab an die Donau und konzentrierte
sich auf Lauingen. 2002 wurde die Mähdrescherproduktion ins dänische Randers
verlagert. Seit 2005 werden Mähdrescher
von Deutz-Fahr auch in Kroatien gefertigt.
Mit dieser Maßnahme soll der ost- und süd-
osteuropäische Raum stärker ins Visier
genommen werden.

Derzeit bietet Deutz-Fahr auf dem Mäh-
drescher-Sektor die 56er-Reihe mit Leistun-
gen zwischen 230 und 313 PS und außerdem
die 54er-Baureihe im Bereich zwischen 110
und 175 PS an. Die robusten und wirtschaftlichen Modelle der 54er-Reihe wurden für
mittlere Marktfruchtbetriebe, Maschinenringe oder Lohnunternehmer, die kleinere
landwirtschaftliche Betriebe betreuen, konzipiert. Es gibt vier Modelle, die alle über
einen hydrostatischen Antrieb verfügen. Auf
Wunsch kann man auch Allradversionen
haben, die auf bergigen Flächen für eine um
20 Prozent bessere Traktion sorgen. Es stehen Schneidewerke mit Schnittbreiten von
3,10 bis 4,80 Meter zur Verfügung. Die
Motoren sind flüssigkeitsgekühlte Turbo-
Diesel mit elektronisch geregelter Ein-
spritzung. Die komfortable Kabine ist nach
neuesten ergonomischen Gesichtspunkten
gestaltet und gut schallisoliert.

Die 56er-Modelle sind die derzeitige
Oberklasse der Mähdrescher von Deutz-
Fahr. Die jahrelange Erfahrung des Unternehmens im Mähdrescherbau spiegelt sich
in vielfältigen technischen Details wider. So
verfügt die 56er-Reihe über zahlreiche wichtige Komfort- und Technikmerkmale, die sich

*Mit einem Universal-Trom-
mel-Feldhäcksler FH 900
von Deutz-Fahr „bewaff-
net", zieht dieser seltene
D130 06 von Deutz aufs
Feld.*

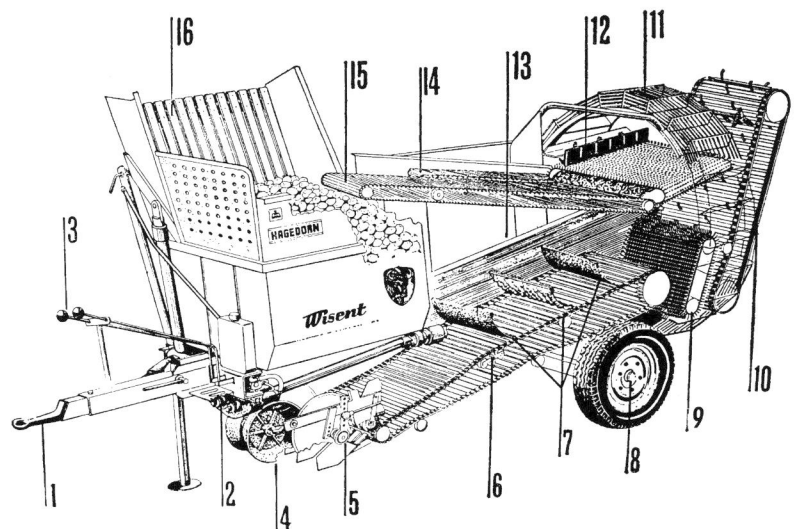

von Lohnunternehmern eingesetzt. Die Futtererntemaschinen werden nicht mehr selbst produziert, sondern in Lizenz von Kverneland übernommen.

Hagedorn: vor allem Kartoffeln

Einst zählte das Unternehmen der Gebrüder Hagedorn aus dem westfälischen Warendorf im Bereich der Landmaschinen zu den besten Produzenten für die Kartoffelernte. Der Kartoffelsammelroder Wisent war in den 1960er-Jahren das Flaggschiff der Firma. Doch Hagedorn stellte auch andere nützliche Erntegeräte her, so die Ladewagen Bison und Mammut, Heuwender oder Hofgeräte.

Der Wisent lief über die Heckzapfwelle eines Traktors und ermöglichte, mit einem Helfer zusammen, eine effektive Ernte. Die DLG zeichnete das Gerät 1962 aus. Es gab ihn in unterschiedlichen Modellreihen. Leider bedeuteten die Krisenjahre der 1970er auch für Hagedorn das Aus. Doch dank ihrer Zuverlässigkeit stehen viele Fahrzeuge noch heute im täglichen Einsatz. Für eine Original-Ersatzteil-Versorgung ist auch heute noch gesorgt.

Skizze eines Kartoffel-Sammelroders von Hagedorn: Deichsel (1), Zweistufengetriebe (2), Schar- und Bunkeraufzug (3), Rodeorgan (4), Scheibensechantrieb (5), Siebbandklopfer (6), Klutenzerreiber (7), Laufräder (8), Band zur Vortrennung von Beimengungen (9), Krauttrennband (10), Hubrad (11), Band mit Abstreifer zur Feinkraut-, Kluten- und Steinabsonderung (12), Steinsammelkasten (13), getrenntes Band für Beimengungen (14), Verleseband (15), Bunker (16).

in der Praxis besonders bewährt haben: komfortable und geräumige CommanderCab III-Kabine, Hochleistungs-Schneidewerk mit Planetenantrieb, Tangential-Dreschwerk, synchron laufende Wendetrommel, elektrische Dreschkorbverstellung, fünffach elektrisch höhenverstellbarer Turbo-Separator bei den HTS-Modellen, Balance-Technik für automatischen Hangausgleich und die wirtschaftlichen Deutz-Motoren mit zweiseitigem Motorabtrieb. Auch auf möglichst gute Serviceleistungen legt Deutz-Fahr großen Wert. Diese Maschinen werden hauptsächlich

Von der anderen Seite sieht man den Sammelroder Wisent auf diesem Bild. Gut zu erkennen ist auch die spezielle Hinterradbereifung des Schleppers für Hackfruchtaufgaben.

Eberhardt – Mengele – Bidell

1854 wurde in Ulm die Pflugfabrik Gebr. Eberhardt gegründet. Sie entwickelte sich stetig und konnte bis zum Ersten Weltkrieg im In- und Ausland gute Geschäfte machen. Das lag vor allem auch an der einzigartigen Vielzahl verschiedener Pflugarten, unter denen für jede Weltengegend die richtige Lösung zu finden war. Eberhardt konnte sich noch vor dem großen Sack positionieren. Bis in die sechziger Jahre des letzten Jahrhunderts hinein war Eberhardt das Maß, an dem sich andere messen mussten. Doch dann erfasste die Krise auch den Branchenriesen.

In den 1970er Jahren versuchte man über eine hektisch anmutende Neuprodukt-Fabrikation das drohende Ende abzuwenden. Letztlich musste man aber einsehen, dass es keine Rettung gab. 1981 kauften die Autohändler Bidell aus dem nahe gelegenen Waldstetten das am Boden liegende Unternehmen auf, bauten neue Werkshallen und machten aus einem württembergischen Pflughersteller eine bayerische Pflugmarke. Dies ging eine Zeitlang gut, bis Bidell in schwieriges Fahrwasser kam. Ein sich länger hinziehender Auflösungsprozess war die Folge, und schließlich zog Eberhardt noch einmal um. Eine brandenburgische Firma aus Linthe bei Potsdam übernahm den Namen und das Logo; jetzt werden wieder Pflüge, Kreiseleggen, Packer und Sämaschinen unter dem Namen Eberhardt verkauft.

Die Bidell-Gruppe war aus der erst 1973 gegründeten Autowerkstatt der Brüder Albert und Helmut Bidell hervorgegangen. Vier Jahre später besaßen die beiden bereits einen Betrieb mit etwa 100 Mitarbeitern, eine Schweißerei und ein Press- und Stanzwerk. Dann begann eine Zeit wilder Zukäufe: Autohäuser, Eberhardt, einige Maschinenfabriken und vor allem, 1991, die berühmte

Landmaschinenfirma Mengele aus dem schwäbischen Günzburg.

Der Name Mengele war im Raum Günzburg fast schon so etwas wie ein Synonym für Erfolg. Was heute das Legoland darstellt, war damals eben Mengele. Fünf Fabriken verteilten sich in der Gegend. So groß war die Reparaturwerkstatt gewachsen, mit der 1872 alles begonnen hatte. Der Aufstieg begann 1907, als Karl Mengele die Firma übernahm und die bescheidene Produktion von landwirtschaftlichen Geräten und Dreschmaschinen stark ausbaute. Er schaffte es trotz der politischen und wirtschaftlichen Probleme dieser Jahre, die Position des drittgrößten Herstellers von Dreschmaschinen zu besetzen. Das war in diesem hart umkämpften Markt keine Kleinigkeit.

Nach dem Krieg setzte man die Dreschmaschinenproduktion fort. Aber Mengele wusste ebenso wie einige andere Anbieter, dass die Zukunft den Mähdreschern gehörte. 1954 wurde der Mähdrescher KM 120 vorgestellt, der von einem Traktor übers Feld gezogen wurde. Doch die Konkurrenz hatte Mengele überflügelt. Zum Teil waren mittlerweile ja auch schon selbstfahrende Mähdrescher das Maß aller Dinge.

Dieser Misserfolg war ein heilsamer Schock, denn nun richtete sich die Firma sehr erfolgreich neu aus. Feldhäcksler und vor allem Ladewagen aller Art wurden zu den Tragpfeilern eines Weltunternehmens. Der Miststreuer Doppeltrumpf von 1958 machte Mengele zum Marktführer in diesem Bereich. Der erste Ladewagen von 1963 und seine Nachfolger, samt den verschiedenen Bauarten wie Anhänger und Kipper für Heu, machten Mengele in den Siebzigern zum größten Hersteller von Ladewagen in der Welt, und in vielen Gegenden wurde Mengele zum Synonym für landwirtschaftliche Anhänger an sich.

Der Feldhäcksler Mengele-Blitz kam Mitte der sechziger Jahre auf den Markt. Eine ganz neue Erfindung war der Maisblitz, ein Mais-Feldhäcksler. Auch der Einstieg in die selbst-

fahrenden Feldhäcksler gelang 1975. Doch nun ereignete sich etwas, was als Paradebeispiel für einen Untergang dienen kann. Der große Erfolg schien unaufhaltsam zu sein, und das Unternehmen wollte sich mit einem modernen Firmenneubau für die kommenden Jahre effektiv aufstellen. Doch trotz Unterstützung von allen Seiten und einer Umstrukturierung konnten die entstandenen Löcher nicht gestopft werden. Umsatz musste her und das zu jedem Preis. Diese verderbliche Spirale war nicht mehr zu stoppen. Mit wehenden Fahnen ging das Mengele-Großschiff unter. Die aufstrebenden Bidell-Brüder kauften Mengele auf. Dies nicht zuletzt, weil dadurch ein Millionenauftrag von Meiller-Kipper, dem Münchner Hersteller von Lkw-Aufbauten, zustande kam. Meiller kaufte auch die brandneue Firma samt der Grundstücke. Bidell-Mengele zahlte Miete.

1994 landete Bidell einen weiteren Coup. Der ehemalige VEB Fortschritt Erntemaschinen, jetzt eine geschrumpfte GmbH, wurde dazugekauft. Die Häckslerproduktion wan-

Zweischariger Karren-Wendepflug von Eberhardt aus Ulm.

derte nach Neustadt. Doch Bidell musste Fortschritt schon sehr bald an Case abtreten. Nun ging alles sehr schnell. Mengele hatte einen topmodernen Ladewagen angekündigt und nicht fertiggebracht. Umsatzausfall, hohe Kosten: 1998 meldete man den Vergleich an, die gesamte Bidell-Gruppe wurde mit in den Abgrund gerissen. Mit der Eberhardt-Mengele Productions GmbH sollte ein Neuanfang stattfinden, doch schon 2002 war auch dieser Versuch schließlich gescheitert, was offenbar auch an der Qualität der Produkte lag.

Bohnacker übernahm die Reste und formte aus Mengele am Standort Waldstetten eine kleine Firma, die langsam den Weg zurück an die Spitze sucht, doch sich erstmal mit kleinen Brötchen begnügen muss.

Die Isaria-Drillmaschine war ein Verkaufserfolg, den Eicher später übernahm. Eicher versuchte, für seine Traktoren die passenden Arbeitsgeräte gleich mitzuverkaufen.

Eicher und Isaria

Der Schlepperbauer Eicher hatte schon früh seine Füße unter den Tisch der Landmaschinenproduzenten gestellt. Mit dem Erwerb des Dingolfinger Famag-Werks waren die nötigen Kapazitäten dafür geschaffen worden. Zu den ersten Geräten, die in dem neuen Zweigwerk hergestellt wurden, gehörten Pfüge, die an den hydraulischen Kraftheber der eigenen Traktoren angebaut werden konnten.

Eicher entwickelte bereits 1954 den Rekord-Lader, der Heu- und Grünfutter automatisch aufnahm. Er wurde an die Zapfwelle des Traktors und vor den Wagen gehängt. Das Erntegut wurde durch einen mechanischen Rechen aufgenommen und auf den Wagen befördert. Für die Bedienung der Maschine waren nur noch zwei Personen nötig, nämlich der Fahrer des Traktors und eine Person, die auf dem Wagen stand und das aufgeladene Heu oder Gras mit einer Gabel weiter nach hinten beförderte und anrichtete.

Eine weitere Innovation war der Eicher-Federstahl-Pflug, der 1956 vorgestellt wurde. Der Grindel war bei diesem Pflug nicht mehr starr aus Holz oder Stahl, sondern er bestand aus mehreren Lagen dünnen Federstahls. Diese Konstruktion erforderte eine geringere Zugkraft als die herkömmlichen Pflüge und erreichte durch die federnde Wirkung eine bessere Bodenkrümelung.

1958 stellte Eicher seinen Rekordkrümler vor, eine Art Bodenfräse, dessen Zweck die Durchmischung der Ackerkrume war. Der Feinheitsgrad der Krümelung konnte durch die Veränderung des Abstands der Krümelmesser eingestellt werden.

1960 begann in Dingolfing die Produktion eines neuen Rekordladers, der bereits mit einem Pick-up ausgestattet war, wie man es von Ladewagen her kennt. Weitere Errungenschaften waren 1962 ein neues Mähwerk für die Schlepper und der „Rekordheuer" zum Wenden und Schwadern des Heus. Diese zwei Produkte bildeten gemeinsam mit dem Rekordlader die „Eicher-Heukette", was umschrieb, dass diese Maschinen die kom-

Diese Aktie der „Vereinigten Fabriken landwirtschaftlicher Maschinen, vormals Epple und Buxbaum" wurde 1928 ausgegeben. Das war fünf Jahre nach dem ersten Konkurs.

plette Heuarbeit vom Schneiden bis zum Einfahren erledigen konnten.

Mit dem Erwerb der Pilstinger Fabrik Glas kam man an die legendäre „Isaria" Drillmaschine heran, die in Deutschland seit 1951 besonders gute Verkaufserfolge erzielte. Glas war übrigens auch der Schöpfer des Goggomobils.

Letztlich fehlten Eicher die finanziellen Kapazitäten, um sich in diesem umkämpften Markt dauerhaft platzieren zu können. In den siebziger Jahren begann der unaufhaltsame Abstieg der bayerischen Traktoren- und Landmaschinenfirma.

Epple und Buxbaum

Diese typische Hofszene zeigt den Betrieb einer Dreschmaschine von Epple und Buxbaum mit einem Lokomobil. Heute wird das Getreide gleich auf dem Feld gedroschen.

Die Entstehungsgeschichte der Vereinigten Fabriken landwirtschaftlicher Maschinen, vormals Epple & Buxbaum ist irgendwie typisch schwäbisch. Erst konnte man sich nicht riechen: die Firma Engelbert Buxbaum, 1851 in Augsburg gegründet, die Firma der

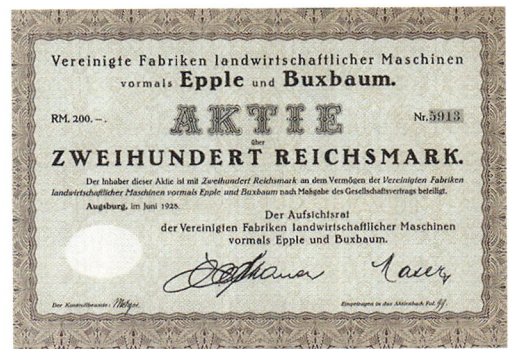

Gebrüder Epple in Sonthofen, 1862 aus der Taufe gehoben, und die von einem der beiden Brüder 1865 in Augsburg gegründete Firma. Alle drei stellten ähnliche Produkte her und waren vor allem im Erntesektor sehr aktiv. Karl Epple war offenbar der Findigste. Er gewann in München Geldgeber und konnte 1882 eine AG gründen. Damit waren die anderen geschlagen, und er kaufte die ehemaligen Konkurrenten auf.

Wenn man sich geeinigt hat, ist man stark: Jetzt begann einer dieser grandiosen Aufstiege in der Geschichte deutscher Unternehmen, der beeindrucken konnte. Die Produktionsstätten wurden errichtet und ausgebaut. Dreschmaschinen mussten über Riemenantrieb arbeiten. Um den Kunden alles aus einer Hand bieten zu können, wurden ab 1890 Lokomobile gebaut. Wer sich ein Exemplar ansehen will, der hat im Ecomusée d'Alsace Musée de France (Elsässisches Landwirtschaftliches Museum) eine gute Gelegenheit. Mit diesen Lokomobilen wurden auf den größeren Höfen die Dreschmaschinen angetrieben. Weitere Produkte waren Düngerstreuer, Grasmäher und Futterschneidemaschinen.

Die Mitarbeiterzahlen divergieren in den Quellen sehr stark. Die einen sprechen 1913 von 400 Beschäftigten, andere trauen den Augsburgern 1900 schon 718 Arbeiter zu. Auch für 1920 gibt es zwei sehr unterschiedliche Werte: 1.200 oder bis zu 2.000 sollen es gewesen sein. Ein Zweigwerk wurde im österreichischen Wels errichtet. Dieses sollte die Pleite des Stammhauses überleben und als eigenständige Firma noch bis 1980 bestehen. Im Landmaschinenboom um 1938 hatte sich Epple und Buxbaum sogar zum Traktorenbau entschlossen.

Nach einer großen Investition zum falschen Zeitpunkt musste Epple 1923 Konkurs anmelden. Wo ein Großer stirbt, da versuchen oft andere in die Fußstapfen zu treten. So auch hier. Doch alle Interessenten konnten das Ende letztlich nur aufschieben. Der erste Kriegsherbst 1939 fand ohne die Augsburger statt.

Auch Grasmäher und Gabelheuwender gehörten ins Programm der Augsburger Firma.

Fella

In der Erwartung, dass es nach dem Ende des Ersten Weltkriegs zu einem Boom in der Nachfrage nach landwirtschaftlichen Geräten kommen würde, wurde im Februar 1918 in Feucht bei Nürnberg die Bayerische Eggenfabrik gegründet. Das Produktprogramm beinhaltete, wie der Name schon vermuten lässt, vor allem Eggen, aber auch Kultivatoren. Auf das Jahr 1921 geht die Einführung des Markennamens „Fella" zurück. Es wird vermutet, dass dieser Name von dem ägyptischen Wort für Kleinbauer, Fellache, abgeleitet wurde.

Trotz der schwierigen Zeit nach dem Ersten Weltkrieg konnte bald das Programm der Bayerischen Eggenfabrik mit der Produktion von Vorderwagen und Pflügen erweitert werden. 1929 wurde das Unternehmen von der Flick-Gruppe übernommen, und 1932 erfolgte die Umbenennung in „Fella-Werke AG". Im selben Jahr wurde mit der Produktion von Heuwendern, Grasmähern und später auch von Mähbindern begonnen.

Nach dem Zweiten Weltkrieg nahmen die Fella-Werke an dem allgemeinen Aufschwung in der Landmaschinen-Branche teil. In den

fünfziger Jahren wurden zusätzlich zum traditionellen Produktprogramm noch Mähmaschinen und Trommelrechwender hergestellt. Den Höhepunkt dieser Zeit stellte der Stapellauf des selbstfahrenden Mähdreschers vom Typ „Jupiter" dar.

1964 wurden die Fella-Werke Teil der Fichtel & Sachs-Gruppe, die unter anderem für ihre Zweiradmotoren bekannt war. Das Produktprogramm wurde weiter in Richtung Heu- und Grünfutterernte erweitert. Im Gegenzug wurden 1970 Bodenbearbeitungsgeräte, wie Pflüge und Eggen, aus dem Programm genommen. Ein Viertel der produzierten Geräte ging in den siebziger Jahren in den Export.

In den fünfziger Jahren erweiterte Fella sein Produktprogramm um Trommelrechwender.

Dieser Fendt-Geräteträger arbeitet mit zwei Fella Trommelmähern, einer im Frontanbau, der andere am Heck.

Die Besitzverhältnisse änderten sich 1987 mit der Übernahme von Fichtel & Sachs durch Mannesmann erneut. Schon ein Jahr später wurden die Fella-Werke jedoch im Zuge eines Management-Buy-outs vom Geschäftsführer, Peter K. Timmermann, übernommen.

1990 sorgten 560 Mitarbeiter für einen Umsatz von über 100 Millionen DM. Dann kam es jedoch zu einer Krise, die den Absatz um mehr als ein Viertel schrumpfen ließ und einen Stellenabbau zur Folge hatte.

1999 wurde das Unternehmen von der niederländischen Netagco-Holding BV übernommen. Seit 2004 sind die Fella-Werke Teil der italienischen ARGO-Gruppe, zu der auch die berühmten Traktormarken Landini und McCormick sowie der Mähdrescherhersteller Laverda gehören.

Grimme

1861 gründete der 26 Jahre alte Franz Carl Grimme in dem niedersächsischen Ort Damme, der heute zum Landkreis Vechta gehört, eine Schmiede. Sein Sohn Franz August übernahm 1899 den Betrieb und

erweiterte ihn um eine Eisenwarenhandlung. Zwar wurden damals schon landwirtschaftliche Geräte repariert, aber der Einstieg in die eigene Produktion erfolgte erst nach der Übernahme des Betriebs durch den Enkel des Gründers im Jahre 1930. Franz Grimme hatte sich schon früh mit den Problemen des Kartoffelanbaus und der Kartoffelernte beschäftigt. 1936 stellte er der Öffentlichkeit seinen ersten Kartoffelreihenleger vor – und offensichtlich stieß er damit auf reges Interesse, denn drei Jahre später belief sich die Zahl der gefertigten Maschinen bereits auf 1.600.

Das Nächstliegende für Grimme war die Ausweitung des Programms. 1938 wurden die ersten Versuche mit einem Kartoffelvollernter unternommen, aber der Zweite Weltkrieg durchkreuzte die Pläne. Mit dem Kriegsende 1945 konnte die Produktion des Karoffellegers wieder aufgenommen werden. Zwei Jahre später erfolgte mit der Vorstellung mehrerer Kartoffelroder und eines Kartoffelvollernters der endgültige Einstieg in die Erntetechnik. Bei den Vollerntern begann allerdings erst 1956 die Serienfertigung. Von den im ersten Jahr hergestellten 40 Exemplaren wurden 30 in die Niederlande exportiert. Zwischendurch wurden auch Stalldungstreuer angeboten, was aber aus Rationalisierungsgründen wieder aufgegeben wurde.

Die Konzentration auf die Kernkompetenz war eine strategisch richtige Entscheidung, denn 1966 konnte Grimme die Marktführerschaft in Deutschland im Bereich der Kartoffelvollerntemaschinen erringen. Das Modell „Europa-Standard" wurde über 10.000-mal verkauft. Den ersten selbstfahrenden Vollernter stellte Grimme 1974 auf der DLG-Ausstellung in Frankfurt der Öffentlichkeit vor. Das Fahrzeug besaß einen hydrostatischen Antrieb und einen Sammelbunker für 3,5 Tonnen.

Die Herstellung von modernen Kartoffelvollerntern gehört zu den Kernkompetenzen von Grimme.

Einen Generationswechsel an der Unternehmensspitze gab es 1980 mit der Übergabe der Leitung an den Maschinenbau-Ingenieur Franz Grimme junior, den Urenkel des Gründers. Heute bietet Grimme neben Karoffellege- und -erntemaschinen auch selbstfahrende Rübenernter und Maschinen im Bereich der Gemüsebautechnik an. In über 70 Länder werden die Grimme-Maschinen exportiert. Zweigstellen gibt es im englischen Swineshead und seit 2007 im französischen Arras.

Horsch

Die Horsch Maschinen GmbH ist ein Unternehmen, das aus der Praxis geboren wurde. Es wurde 1984 von Michael und Walter Horsch in der oberpfälzischen Kleinstadt Schwandorf gegründet. Das Ziel des Betriebs ist es, Maschinen für eine moderne Bodenbearbeitung und Sätechnik zu liefern. Aber eigentlich begann alles schon früher.

Die Familie Horsch hatte 1969 das Gut Sitzenhof bei Schwandorf übernommen. Schon von Anfang an hatte man sich auf dem 200 Hektar großen Betrieb der schonenden Bodenbearbeitung verschrieben. Versuche des pfluglosen Anbaus wurden mit Bodenfräsen, Grubbern und anderen Maschinen unternommen. Nach und nach entwickelte man funktionierende Methoden und die entsprechenden Geräte, wie zum Beispiel eine Kombination aus Fräse und Drillmaschine. Aber die Maschinen forderten dem Traktor eine hohe Leistung ab. Um dem Problem der Bodenverdichtung durch schwere Schlepper zu begegnen, baute Michael Horsch den Terra-Trac, einen 250 PS starken Dreiradschlepper mit großen, breiten Reifen, der sogenannten Terra-Bereifung, die den Boden vor übermäßigem Druck bewahren sollen.

Die ersten Jahre des Horsch-Unternehmens waren nicht leicht, denn die Maschinen waren für große Betriebe gedacht, von denen es in Deutschland nicht viele gab.

Mit diesem Horsch-Sägrubber der neuesten Generation können Saatbettbereitung, Aussaat und Düngung in einem Arbeitsgang erledigt werden.

KUXMANN'S WESTFALIA

117000 Stück geliefert.

Kuxmanns Kettendünger-streuer war lange Zeit ein Verkaufsschlager. Hier eine Version für Gespannbetrieb.

und Ackerbaumethoden getestet werden. Heute existieren fünf dieser FIT-Zentren: jeweils eines in Deutschland, Frankreich, der Ukraine und zwei in den USA. Seminare und Informationsveranstaltungen sollen Landwirten die Möglichkeit geben, sich über neueste Methoden zu informieren.

Kuxmann

Deutschland war über Jahre führend beim Einsatz von Kunstdünger in der Landwirtschaft. Eine der Firmen, die gegen Ende des 19. Jahrhunderts für diesen Einsatzzweig produzierten, war das Bielefelder Unternehmen von Heinrich Kuxmann. Es ist heute noch in Familienhand und ist diesem Programm treu geblieben. Der Kettendünger-streuer Westfalia war das große Glanzprodukt von Kuxmann. Er wurde bis in die fünfziger Jahre in einer Stückzahl von etwa einer viertel Million gebaut. Daneben gab es Stahlbandstreuer, Schlitzstreuer, Walzen- und Tellerstreuer. Diese Streuer wurden sowohl für den Gespanneinsatz, später auch für den Traktorbetrieb gebaut. Eine Zeit lang produzierte Kuxmann auch Kartoffelroder. In den Dreißigern bezeichnete man sich stolz als größte Düngerstreuerfabrik der Welt. Von diesem Prädikat ist man heute zwar weit entfernt, aber immerhin hat die Firma sämtliche Krisen der Branche überlebt und produziert heute Großflächenstreuer und Streugeräte für die Bodenverdichtung.

Aber der Fall des Eisernen Vorhangs öffnete ab 1990 sowohl den ostdeutschen als auch den osteuropäischen Markt für die Maschinen aus Schwandorf, vor allem Tschechien, Polen und Ungarn. Mitte der 1990er-Jahre konnten auch die USA und die ehemaligen Sowjetrepubliken als Exportmärkte erschlossen werden. Mittlerweile werden landwirtschaftliche Betriebe in einer Größe von bis zu 220.000 Hektar beliefert. Die ostdeutschen Betriebe seien dagegen nur „Vorgartenwirtschaft", so der Unternehmensleiter.

1998 eröffnete Horsch das erste FIT-Zentrum (Forschungs-, Informations- und Technologiezentrum) auf Gut Sitzenhof. Dort sollten in Zusammenarbeit mit verschiedenen Institutionen Bewirtschaftungsverfahren

Köckerling

Ein relativ neues Gesicht auf dem Landmaschinensektor ist die 1955 in Verl gegründete Köckerling GmbH & Co. KG, die sich rasch als Spezialist für Saat und Bodenbearbeitung etabliert hat. Allerdings konnten die Brüder Heinrich und Friedrich Köckerling auf eine kleine Ahnentafel mit Schmieden zurückblicken, die in der Nähe der ostwest-fälischen Gemeinde wirkten. Diese Vorfahren hatten bereits Landmaschinen repariert, verkauft und zum Teil auch selbst hergestellt.

Heinrich war der Geschäftsmann, wohingegen sich Friedrich als Techniker hervortat. Sie begannen damit, Saatbettkombinationen und Hackmaschinen herzustellen. Als kleinerer Anbieter wussten sie, wie wichtig es war, genau auf die Kundenwünsche einzugehen, ja diese sogar vorher schon zu ahnen. Dies hat sich bis heute fortgesetzt. Der direkte Kontakt zu Landwirten und Lohnunternehmern und damit auch die Nähe zur täglichen Praxis sind geblieben. Nicht zuletzt deshalb pflegt Köckerling den konsequenten Kurs der pfluglosen Bodenbearbeitung und bietet Maschinen an, die hierfür geeignet sind. Die Ökonomie, so die Philosophie von Köckerling, soll sich auf dem Feld idealerweise mit der Ökologie vereinen. Für die Saatbettbereitung und Stoppelbearbeitung wurde die Kombination Allrounder, als Aufsattelversion Allrounder 1000 entwickelt. Zur Mulchsaatbearbeitung kann man Grubber in drei verschiedenen Größenklassen haben, die dann in aufsteigender Folge Trio, Quadro und Vario heißen. Die richtige Stoppel-

bearbeitung ist die wichtigste Voraussetzung für eine effektive Mulchsaat. Eine gleichmäßige Tiefenführung und ein gutes Mischen von Erdreich und dem Stroh der Vorfrucht sind dafür die entscheidenden Kriterien, die Köckerlings Maschinen klar erfüllen.

Der zweite Schwerpunkt war und ist die Fertigung von Sämaschinen. Hier setzen die Ostwestfalen auf ihre beiden Geräte Ultima, eine Universalsämaschine, und die Zinkensämaschine Triathlon. Auch für die spezielle Grassaat werden geeignete Maschinen angeboten.

Für den Kunden eine willkommene Unterstützung sind die Schulungen und Beratungsangebote, die ihm nicht nur Köckerlings Produkte nahebringen sollen, sondern ihm vor allem zeigen sollen, wie eine moderne Landwirtschaft heute aussehen kann.

Ködel & Böhm (Köla)

Ködel & Böhm (Köla) aus Lauingen hatte in Michael Ködel einen Gründer, der sich 1870 als Landmaschinenmechaniker selbstständig machte. Neben seinen Reparaturen experimentierte er auch immer mehr mit Neu-

Für die Saatbettbereitung und Stoppelbearbeitung hat Köckerling die Kombination „Allrounder" entwickelt. Das Foto zeigt sie im Raum Göttingen, von einem John Deere gezogen.

Mit dem Mähdrescher Combi von 1961 zeigten die Lauinger ihre Kompetenz bei diesen Landmaschinen. In der Folge wurde deshalb die Mähdrescherproduktion von Fahr an diesen Standort verlegt.

bauten. Schon im 19. Jahrhundert wurden Dreschmaschinen zu einem wichtigen Verkaufsobjekt von Ködel. 1909 trat der alte Firmengründer ab, und in seinem Sohn und seinem Schwiegersohn fand er zwei tüchtige Helfer und „Nachlass"-Verwalter. Der Mann seiner Tochter hörte auf den Namen Böhm. Deshalb wurde die Firma umbenannt. Ködel & Böhm entwickelte sich zum größten Dreschmaschinenproduzenten Europas. Bis zu 12.000 dieser praktischen Holzkisten wurden pro Jahr hergestellt. Noch während des Kriegs hatte Köla mit Mähdreschern experimentiert. Das war für das Unternehmen auch dringend nötig, denn als Nummer 1 unter den Dreschmaschinenproduzenten sah man sehr wohl, dass die Zukunft den selbstfahrenden Erntemaschinen gehörte. Ab 1951 konnte an den Mähdrescherplänen weitergearbeitet werden. In der Zwischenzeit hatte man sich bei den Gebläsehäckslern eine Spitzenposition erarbeitet. Eine halbe Million konnte verkauft werden. In den sechziger Jahren feierte Ködel & Böhm große Erfolge mit dem Mähdrescher Combi und dem selbstfahrenden

Feldhäcksler Rex. Auch die Hochdruckpresse Rivale und der Feldhäcksler Star ernteten großes Lob. Über 1.700 Menschen arbeiteten in der Firma Mitte der sechziger Jahre. 1965 wurde der erste Mähdrescher mit hydrostatischem Fahrantrieb überhaupt vorgestellt.

Als 1969 KHD das erfolgreiche Unternehmen übernahm, wurden die Mähdrescher Rubin gebaut. Lauingen wurde zum Zweigwerk von Fahr degradiert, doch die geballte Vertriebskraft von KHD erreichte es, dass die Produktion von Mähdreschern in den vereinigten Unternehmen in einem unglaublichen Ausmaß anstieg, und zwar von 552 Stück im Jahre 1970 auf 3.384 Stück im Jahr 1974. Die Mitarbeiter profitierten davon. Heute ist dieser Standort sogar wichtiger denn je, denn auf dem alten Werksgelände von Ködel & Böhm produziert heute Same Deutz-Fahr seine Traktoren.

Krone

Vor kurzem noch konnte die Maschinenfabrik Bernard Krone GmbH aus Spelle im Emsland ihren 100. Geburtstag feiern. 1906 nämlich hatte der Namensgeber in Spelle eine Hufschmiede gegründet. Treibende Kraft zur Vergrößerung und Ausbildung zu einer richtigen Fabrik war der älteste Sohn. Neben einer bescheidenen eigenen Produktion landwirtschaftlicher Geräte zur Hackfruchtwirtschaft und für die Bodenbearbeitung vertrat man in der Region exklusiv die Firma Lanz.

Nach dem Krieg nahm Krone am Landmaschinenboom der Wirtschaftswunderzeit teil. Jetzt wurden auch Pflüge (zum Anbau an die Ackerschiene von Traktoren) und Anhänger produziert. Diese Hänger wurden auch spezialisiert und weiterentwickelt. 1955 stellte man einen Stalldungstreuer vor, in den 1960er-Jahren standen aber auch Kipper und Ladewagen auf den Produktlisten.

Die Hochdruckpresse „Rivale II" stammt von 1954. Sie wurde von der Zapfwelle des Schleppers angetrieben.

Ziel von Krone war es, möglichst zum All-round-Anbieter zu werden. Es wurden entwickelt und produziert: Feldhäcksler, Rundballenpressen, vor allem aber drängte diese Absicht das Unternehmen vielfach in die Technik der selbstfahrenden landwirtschaftlichen Geräte. Dies begann mit dem Tillage-Trac TT von 1984. Das war eine selbstfahrende Antriebsmaschine, die vorne und hinten Zapfwellen hatte, an die Geräte zur Bodenbearbeitung angehängt werden konnten. Der Motor hatte die auch für die damalige Zeit hohe Leistung von 178 PS und einen Allradantrieb, wobei die Fahrgestellkonstruktion so ausgerichtet war, dass Multi-Pass-Effekte weitgehend vermieden wurden. Die Lenkung war hydrostatisch ausgeführt.

Ab 1990 stieg Krone in die Futtermaschinenfabrikation ein. Erste Produkte waren ein Zettwender und Schwader von hoher technischer Qualität. Dieser Einstieg wurde 1994 sogar zum Umstieg! Die Herstellung von Bodenbearbeitungsgeräten wurde zugunsten der Futtererntemaschinen komplett eingestellt. Im selben Jahr wurde die Ballenpresse Big Pack eingeführt, 1996 präsentierten die Emsländer den Big M, einen selbstfahrenden Scheibenmäher, der mit sagen-

haften 270 PS über die Felder flog. Vier Jahre später rollten die ersten Big X aus den Fabrikhallen.

Der Hochleistungs-Mäh-Aufbereiter Big M und sein jüngerer Kollege Big M II bieten höchste Wirtschaftlichkeit. Die Mäheinheiten wurden so angeordnet, dass die Gewichtsverteilung optimal ist und der Fahrer zugleich eine gute Rundumsicht hat. Die Hochleistungsaufbereiter sorgen für Top-Futterqualität. Die Big M sind dank ihrer Wendigkeit auch auf kleinsten Feldern sehr gut einsetzbar. Mit bis zu Tempo 17 im Arbeitsgang eilte diese Maschine über den

*Der Anbaumähknickzetter
FC 283 G II für Heckbetrieb.*

Acker. Auf der Straße konnte man dann mit bis zu 40 Stundenkilometern nach Hause fahren. Der hydrostatische Antrieb war ein zusätzliches gutes Feature.

Der Big X wurde erst nach vier Jahren Prüfung auf den Markt gebracht. Es gibt ihn in verschiedenen Leistungsklassen zwischen 600 und 700 PS. Feldhäcksler waren schon immer für ihren großen PS-Durst berüchtigt. Dem setzte Krone seinen leistungsstarken Big X entgegen. Das neue Flaggschiff der Speller war nach umfangreichen Marktforschungen und Bedürfnisanalysen der potenziellen Kundschaft auf diesen neuen Weg gesetzt. Der Erfolg gab den Statistikern recht.

Neben diesen beiden Erntemaschinen gab es natürlich immer auch die erfolgreichen anderen Produkte. Fast ein Drittel machten ja die Ballenpressenmaschinen aus. Im Januar 2007 wurde Krone eine besondere Ehre zuteil. In einer Studie der Fachzeitung „eilbote" und der Universität Hohenheim wurde Krone als der Hersteller identifiziert, mit dem die deutschen Händler am zufriedensten sind. Krone wurde zum Sieger in der Kategorie Futtererntemaschinen erklärt.

2006 erwirtschaftete Krone einen neuen Rekordumsatz von 978 Millionen Euro. 2001 hatte man noch 481,7 Millionen, 1996 war man bei 508 Millionen gelandet, damals aber noch Mark! Bei solchen Zahlen ließ sich das 100-jährige Jubiläum freudig feiern. Die Exportqoute der Krone-Gruppe liegt bei annähernd 60 Prozent.

Kuhn

Als Joseph Kuhn 1828 seinen beruflichen Werdegang begann, war er Franzose. Wie viele andere in dieser Branche begann auch er als Dorfschmied. Er lebte in Eckartsviller, die nächste größere Stadt hieß Saverne. Die Fertigung von Landmaschinen begann 1864. Eine Fertigungsstätte wurde auf dem Gelände der heutigen Firma errichtet. Jetzt ging es richtig los. Als Kuhn und seine Brüder schließlich eine zusätzliche Gießerei errichteten, waren sie bereits Deutsch und lebten fortan in Zabern.

Zur Jahrhundertwende konnten sie ein reichhaltiges Programm an Landmaschinen anbieten, das in den Bereichen Obstverarbeitung und Bodenbearbeitung sehr stark war. In Elsass-Lothringen waren die Brüder

Kuhn eine feste Größe ihrer Branche. Zwei Pässe und zwei Kriege später wurde Kuhn von der Schweizer Landmaschinenfabrik Bucher-Guyer übernommen und unter dem Namen Kuhn Frères & Cie neu aufgestellt. In den nächsten zwanzig Jahren konsolidierte sich die Firma. Sie beschäftigte jetzt 500 Mitarbeiter. Da warf sich ein dunkler Schatten auf das Unternehmen: In der Nacht zum 15. April 1965 vernichtete ein Brand fast alles, und das Ende von Kuhn schien schon besiegelt. Da zeigten die Beschäftigten ihre Treue zum Betrieb und halfen alle mit, die Trümmer wegzuschaffen und aus den Ruinen einen Phoenix aufsteigen zu lassen. Innerhalb kurzer Zeit konnte die Produktion wieder aufgenommen werden. Kreiselzettwender, Scheibenmähwerke und vor allem der patentierte Kreiselschwader mit geschlossener Kurvenbahn hielten Kuhn in den Sechzigern auf Kurs. Zehn Jahre nach dem Brand standen schon 800 Menschen bei Kuhn in Lohn und Brot.

In den siebziger und achtziger Jahren baute Kuhn seine Infrastruktur aus, was dem Unternehmen eine hervorragende

Die Pflüge von Kuhn haben einen besonders hohen Standard. Der Multi-Master 182 T zum Beispiel ist ein siebenschariger schwerer Anbaudrehpflug.

Präsenz auf dem Markt verschaffte. Forschung, Entwicklung (mit CAD) und EDV wurden eingesetzt, 1986 war man auch bei Minitel dabei, einer Art Vorläufer des Internets, das in Frankreich breite Bevölkerungskreise erreicht hatte. Der Vertrieb wurde aktiv ausgebaut.

Auch gut durchdachte Firmenzukäufe wurden getätigt. So konnte man 1987 die berühmte Pflugschmiede Huard aufkaufen,

Die pneumatische Drillmaschine Venta NC 4000 macht sich am Haken eines Fendt 920 Vario TMS mit doppelter Pflegebereifung sehr gut.

*Die Aufbaudrillmaschine
Venta AL 402.*

den wichtigsten Pflugproduzenten Frankreichs. 1993 folgte Audureau, wo Futtermischwagen sowie Maschinen für die Silageentnahme und -verteilung hergestellt wurden, drei Jahre später folgte der Spezialist für Drillmaschinen und Feldspritzen Nodet-Gougis. 2002 gelang mit der Übernahme der Knight Manufacturing Corporation ein großer Coup. Kuhn wurde zum Weltmarktführer bei Futtermischwagen und Dungstreuern. 2005 folgte die brasilianische Firma Metasa. Kennzeichnend für alle diese Übernahmen ist der konstruktive Umgang mit den neuen Potenzialen. An den Standorten wurde gleich in eine verbesserte Infrastruktur investiert. Moderne Fertigungshallen wurden geschaffen, die EDV eingerichtet. Auch eine Internetplattform schuf Kuhn schon recht früh.

Immer neue Vertriebsfilialen entstanden seit den 1990er-Jahren: Von Spanien über Italien und Polen bis in die Ukraine, Australien, China und die USA reichte das Netz. Eine neue Niederlassung in Deutschland wurde 1997 in Schopsdorf (Sachsen-Anhalt) gegründet. Bei all diesen Aktivitäten darf man natürlich nicht die Vielzahl hervorragender Produkte vergessen, die Kuhn in den letzten zwanzig Jahren auf den Markt gebracht hat. Besonders zu erwähnen sind hier ein preisgekrönter Rotorpflug, der 1992 vorgestellte Mähknickzetter Alterna 500 und die pneumatische Drillmaschine Venta ein Jahr später. Die Bestellkombination Kreiselegge HR und Venta wurde in Deutschland von Fach-Journalisten 2003 zur „Maschine des Jahres" gewählt. 1998 stellte Kuhn den Futtermischwagen Euromix vor. Mit einer neuen Pflugfabrik bei Huard kam es auch dort zu wichtigen Entwicklungsimpulsen. Die Volldrehpflüge Vari-Master und Multi-Master zum Anbau an Großtraktoren, Grubber und Scheibeneggen entstanden dort.

2001 erfolgte der Einstieg in die immer wichtiger werdende Sparte der Selbstfahrer mit dem Futtermischwagen SP 14. Die Kaskadenschare (Präzisionssäschare) Accura von 2003 wurde mit vielen Preisen überhäuft. Bei der Kaskadensäschar vereinzeln und verbessern in Kaskadenform gebaute Fallstufen den Fluss des Saatgutes. Mit dieser einfachen Methode wurde eine deutlich bessere Standortzuteilung des Saatgutes erreicht. Dadurch konnte ein Einspareffekt von bis zu 15 Prozent Saatgut erzielt werden.

Als Marktführer bei Scheibenmähern stehen auch die großen Traktorhersteller bei Kuhn Schlange. Firmen wie John Deere und New Holland beziehen Teile und auch komplette Systeme wie die Scheibenmäher von Kuhn und lassen diese Geräte dann in den Hausfarben spritzen. Die Expansion von Kuhn geht weiter. Auf der letzten SIMA, der internationalen Ausstellung für Landmaschinen in Paris, wurden 33 Novitäten vorgestellt. Bei dieser Präsenz der Elsässer auf den internationalen Märkten vergisst so mancher, dass diese Firmengruppe immer noch der schweizerischen Bucher-Gruppe gehört.

Kverneland

Die Geschichte des größter Pflugherstellers der Welt beginnt in dem kleinen Dorf Kverneland im Südwesten Norwegens. Dort gründete Ole Gabriel Kverneland 1879 eine kleine Schmiede. „O. G. Kvernelands Fabrik", wie er sein Unternehmen nannte, fabrizierte vor allem Sensen. Was ihm einen Vorsprung gegenüber der Konkurrenz verlieh, war der mit Wasserkraft angetriebene Federhammer, mit dem er jährlich 7.000 bis 8.000 dieser Werkzeuge fertigte. Ende des Jahrhunderts weitete er sein Programm auf Pflüge und Eggen aus.

Zu Beginn des 20. Jahrhunderts wurden Landmaschinen vor allem von Pferden und Ochsen gezogen. Aber in den 1920er-Jahren kamen auch in Skandinavien die ersten Schlepper zum Einsatz und Kverneland begann mit der Produktion des ersten Traktorpfluges. Nach und nach wurden auch

Der Accord Exacta ist ein Düngerstreuer, bei dem sich die Düngermenge mit einem Dosiersystem exakt steuern lässt.

andere Geräte für den Einsatz mit Traktoren entwickelt, wie Eggen und Drillmaschinen. Als sich bei den Schleppern die Dreipunktaufhängung durchzusetzen begann, wurden auch für diese Befestigungsmethode die passenden Geräte entwickelt.

Bis in die fünfziger Jahre blieben die Geschäftsaktivitäten von Kverneland hauptsächlich auf Norwegen beschränkt. 1955 wurde jedoch der Markt mit dem Export

Rau Unicorn ist eine Einzelkornsämaschine von Kverneland. Mit der hydraulischen Parallelklappung lässt sich die Maschine leicht für die Straßenfahrt umstellen.

Dieser Fendt 716 arbeitet mit einer pneumatischen Accord-Sämaschine von Kverneland.

nach Finnland erweitert. Es war auch in diesem Jahr, dass eine größere Expansion durch die Übernahme der Maschinenfabrik Globus erfolgte. Die Pflugherstellung hatte sich als Hauptgeschäftszweig herausgebildet. Dies wurde durch Innovationen wie den Rohrrahmenpflug, die automatische Steinsicherung und schließlich die Einführung von Drehpflügen unterstrichen. 1973 wurde mit Fraugde im dänischen Odense der erste ausländische Pflughersteller übernommen.

Um für eine weitere Expansion die nötigen liquiden Mittel zu besorgen, war das Unternehmen Anfang der achtziger Jahre an die Börse gegangen. 1984 konnte mit Kyllingstad ein weiterer norwegischer Pflug-

hersteller aufgekauft werden. Dieses Unternehmen befand sich ebenfalls in Klepp, also in der Kommune, in der auch das Dorf Kverneland gelegen war. Zwei Jahre später wurde mit Underhaugs Fabrikk ein norwegischer Hersteller von Kartoffellege- und -erntemaschinen sowie von Steinsammlern, Stein- und Wurzelbrechern übernommen. Zu den technischen Neuerungen gehörte die Entwicklung des Variomat-Systems, mit dem die Arbeitsbreite bei Pflügen mechanisch oder hydraulisch stufenlos eingestellt werden konnte.

1989 erfolgte die Gründung der Kverneland ASA, der Muttergesellschaft der heutigen Kverneland-Gruppe. Das folgende Jahrzehnt stellte für den Konzern eine Ära des schnellen Wachstums dar. 1993 wurde der dänische Landmaschinenhersteller Taarup übernommen. Dazu gehörte auch eine Produktionsstätte in Großbritannien. Zum ersten Mal hatte die Kverneland-Gruppe damit einen Stützpunkt außerhalb der skandinavischen Länder erworben. Als Nächstes wurde 1995 die italienische Firma Machine Agricole Maletti in Modena Teil der Kverneland-Familie. Dann folgte Accord Landmaschinen im westfälischen Soest. Und schließlich wurde auch die bisherige deut-

Die wichtigsten Marken der Kverneland-Gruppe im landwirtschaftlichen Bereich

Markenname	Produkte
Accord	Düngerstreuer, Einzelkornsämaschinen, Drillmaschinen
Kverneland	Ackerbaugeräte
Rau	Feldspritzen, Einzelkornsämaschinen
Taarup	Ballenpressen, Rundballenwickelmaschinen, Maschinen zur Futterernte
Vicon	Mäher, Kreiselschwader, Ballenpressen, Maishäcksler, Düngerstreuer

sche Kverneland-Vertretung, die Firma Silo-Wolff in Lauenförde, in die Gruppe eingegliedert.

Der Höhepunkt der Expansion erfolgte 1998. In diesem Jahr wurde die in der Landmaschinensparte bedeutende niederländische Greenland-Gruppe übernommen. Dazu gehörten Maschinen mit dem Markennamen Vicon im Heu- und Grünfutterbereich. Aber auch das ehemalige Fahr-Werk in Gottmadingen wurde nun zu einem Standort der norwegischen Unternehmensgruppe.

Mit dem Kauf der Rau-Landmaschinen wurde im selben Jahr die Position im Bereich der Feldspritzen und Sämaschinen verstärkt.

Ursprünglich wurden alle Produkte der aufgekauften Unternehmen unter dem Namen Kverneland vertrieben. Diese Strategie wird heute nicht mehr verfolgt. Stattdessen haben die einzelnen Marken eine gewisse Eigenständigkeit zurückbekommen.

John Deere (1804–1886) legte mit seinem Erfindungsreichtum und seinem handwerklichen Geschick den Grundstein für den größten Traktoren- und Landmaschinenhersteller der Welt.

John Deere

Deere & Company, oder „John Deere", wie das Unternehmen aufgrund des Markennamens meistens genannt wird, ist der weltweit größte Hersteller im Landmaschinen- und Traktorensektor. Der Name geht auf den Gründer des Unternehmens zurück, der am 7. Februar 1804 im Nordosten der Vereinigten Staaten, im Bundesstaat Vermont, geboren wurde. Er erlernte den Beruf eines Schmieds und machte sich als solcher nach seiner Lehre selbstständig. Aber das Geschäft lief nicht gut.

Die vierziger und fünfziger Jahre des 19. Jahrhunderts waren die Zeit der großen Wanderbewegungen aus den östlichen Staaten nach Westen. Alleine in den 1850er-Jahren konnten die Staaten Illinois, Indiana, Iowa und Missouri einen Bevölkerungszuwachs von 2,2 Millionen verzeichnen. Die meisten der Migranten, die in den Mittleren Westen kamen, waren Farmer, die ihr Glück

Eine Feldspritze der 800er-Reihe kann eine Arbeitsbreite von bis zu 39 Metern haben.

Selbstfahrende Häcksler sind ein fester Bestandteil des Programms von John Deere. Dieser Feldhäcksler kann gleich zehn Reihen Mais auf einmal häckseln.

Seit der Übernahme von Lanz durch John Deere sind auch in Europa Traktoren und Landmaschinen in den Farben Grün und Gelb keine Seltenheit mehr.

in den von Indianern und Bisons verlassenen Prärien suchten. Viele der Werkzeuge, die von den Farmern in dieser Zeit verwendet wurden, waren selbstgemacht. Dazu gehörten hölzerne Pflüge, Eggen, Rechen, Schaufeln, Gabeln und Kultivatoren. An Schmieden bestand im Mittleren Westen ein großer Bedarf, denn die Bearbeitung von Eisen überstieg die Möglichkeiten der meisten Farmer. Dies war der Grund, warum auch John Deere sein Glück weiter im Wes-

ten sah, wo noch kaum Industrie existierte und der Bedarf an Handwerkern dementsprechend groß war. 1836, im Alter von 32 Jahren, siedelte er in die kleine Siedlung Grand Detour in Illinois über. Dort verdiente er seinen Lebensunterhalt mit Reparaturen verschiedenster Art und der Herstellung kleiner Werkzeuge wie Schaufeln und Gabeln.

Die Erde dieser Gegend war schwer und wurzelreich und konnte von den leichten Pflügen, wie man sie im Osten benutzte, nicht bearbeitet werden. Für diese Aufgabe wurden deswegen oft große, schwere Pflüge verwendet, sogenannte „Prärie-Brecher", die von drei bis sieben Ochsengespannen gezogen werden mussten. Wegen der klebrigen Erde mussten die Pflugscharen oft gereinigt werden. John Deere nahm sich des Problems in seiner Werkstatt an. Er entwickelte einen Pflug mit einer Schar aus poliertem Stahl, die leichter durch den Prärieboden kam und außerdem so geformt war, dass sie sich selbst reinigte. Der Pflug hatte den Vorteil, dass er nicht so schwer war wie die Prärie-Brecher.

Die Nachricht von dem neuen Pflug verbrei-

tete sich nur langsam. 1839 stellte John Deere zehn Pflüge her, 1841 waren es 75 und ein Jahr später 100. Richtig aufwärts ging es mit der Produktion erst, als er sein Geschäftsmodell änderte und anstatt auf Aufträge zu warten, die Pflüge auf Vorrat produzierte und sie zum Verkauf anbot. Nach einer gescheiterten Zusammenarbeit mit einem anderen Schmied zog John Deere 1848 nach Moline, ungefähr 120 Kilometer südwestlich seines bisherigen Wohnorts. Der neue Standort hatte den Vorteil, dass er am Ufer des Mississippi lag und deshalb über Wasserkraft und eine bessere Verkehrsanbindung verfügte. Mit zwei neuen Partnern gründete John Deere das Unternehmen „Deere, Tate & Gould Company" und errichtete eine Werkstätte, in der monatlich 200 Pflüge produziert wurden.

1852 kaufte John Deere die Anteile seiner Partner auf und nahm seinen Sohn Charles in die Leitung des Unternehmens auf. Nach einer landesweiten Finanzkrise 1858 wurde das Unternehmen neu organisiert und John Deeres Schwiegersohn Christopher Webber als Teilhaber aufgenommen. Den endgültigen Namen, Deere & Company, bekam das Unternehmen 1868 nach einer weiteren Umorganisation.

Als John Deere 1886 verstarb, wurde sein Sohn Charles (1837–1907) Präsident des Unternehmens. Die Leitung hatte er faktisch vorher schon innegehabt. Die Anzahl der monatlich hergestellter Pflüge ging mittlerweile in die Tausende. Zusätzlich wurden andere Geräte für die Landwirtschaft hergestellt, wie Wagen, Kultivatoren, Eggen, Sämaschinen und Einspänner. Vorübergehend wurden auch Fahrräder mit in das Programm aufgenommen.

Kurz nach 1910 besaß John Deere in den Vereinigten Staaten bereits elf Produktionsanlagen und eine Fabrik in Kanada. 1913 wurde ein Werk für den Bau von Erntema-

schinen errichtet. Im selben Jahr begann der zaghafte Einstieg in den Traktorenbau. Zuerst wurde ein Versuchsmodell bei einem anderen Unternehmen in Auftrag gegeben. 1917 bauten die Entwickler von John Deere einen eigenen Dreirad-Schlepper, der jedoch auch nicht ganz den Erwartungen entsprach. 1918 entschloss man sich bei John Deere den wohl einfachsten Weg zu gehen, um in der Schlepperbranche Fuß zu fassen: Man kaufte einfach ein bestehendes Unternehmen mit einem serienreifen Modell auf. Es war die Waterloo Engine Company aus Waterloo in Iowa, die nun Teil des John-Deere-Konzerns wurde. Der „Waterloo Boy", wie das übernommene Modell hieß, verkaufte sich im Jahr der Übernahme über 5.600 Mal. Dies kam jedoch nicht an den Marktführer Ford heran, der ungefähr das Sechsfache von seinem Model F absetzte. 1928 zog sich Ford jedoch aus dem Traktorgeschäft in den USA zurück und gab damit den

1947 begann John Deere mit der Produktion der selbstfahrenden Mähdrescher. Seitdem wird diese Technologie ständig weiterentwickelt.

Die Rundballenpressen der 500er-Reihe bieten eine fortschrittliche Netzbindung, bei der die Kanten der Ballen vor Beschädigungen geschützt werden.

Dieses Bild zeigt einen in Mannheim hergestellten John Deere 3640 aus den achtziger Jahren mit einem Aufsattelpflug.

Weg für die Konkurrenz frei. Platz eins in den Verkaufsstatistiken belegte nun International Harvester mit seinen Farmall-Traktoren, aber John Deere konnte mit seinen GP-Allzweckschleppern den zweiten Rang erobern.

Den ersten Mähdrescher brachte John Deere 1927 mit der Bezeichnung „No. 2" auf den Markt. Ein Jahr später wurde zusätzlich ein kleineres, erschwinglicheres Modell, John Deere No. 1, angeboten. Die Weltwirtschaftskrise Anfang der dreißiger Jahre traf

auch die Landwirtschaft in den Vereinigten Staaten und durch die ausbleibenden Käufe in Folge ebenso die Landmaschinenhersteller. John Deere erwarb sich damals einen guten Ruf und eine treue Kundschaft, weil das Unternehmen davon absah, die auf Kredit gekauften Maschinen von zahlungsunfähigen Kunden wieder einzuziehen.

John Deere hatte sich eine führende Position in der Landmaschinenbranche Nordamerikas erobert. Aber in Europa blieb das Unternehmen aus Moline am Mississippi eher unbekannt. Der große Sprung auf den europäischen Kontinent erfolgte erst 1956 mit der Übernahme der technologisch ins Hintertreffen geratenen Lanz AG. Das Werk Mannheim, das heute vor allem dem Schlepperbau dient, wurde in der Folgezeit zur zweitgrößten Produktionsstätte des Konzerns ausgebaut. In dem Werk in Zweibrücken, das ebenfalls zu Lanz gehört hatte, werden heute Feldhäcksler und Mähdrescher gefertigt. In Bruchsal, im nördlichen Baden-Württemberg gelegen, errichtete John Deere in den 1970er-Jahren ein Werk, in dem

Kabinen für Traktoren, Mähdrescher und Feldhäcksler hergestellt wurden. Im niederländischen Horst wurde 1998 eine Maschinenfabrik übernommen und für die Herstellung von Feldspritzen ausgebaut.

John Deere ist heute in 27 Ländern mit Niederlassungen vertreten und beschäftigt weltweit ungefähr 47.000 Mitarbeiter. Zu den Produkten gehören im Landtechnikbereich Traktoren, Mähdrescher, Feldhäcksler, Ballenpressen sowie Maschinen im Bereich der Saat- und Mähtechnik. Maschinen und Fahrzeuge für den Kommunal- und Forstbereich werden ebenfalls angeboten. Besonders stark ist John Deere auch auf dem Gebiet der Landschafts- und Gartenpflege vertreten.

Dechentreiter

Ein Unternehmen, das lange Jahre eng mit der großen Marktoberdorfer Schlepperschmiede Fendt verknüpft war und eine wechselvolle Geschichte durchlief, hatte seinen Sitz in dem Ort Asbach-Bäumenheim in der Nähe von Donauwörth. 1922 gründete in dem damals noch selbstständigen Bäumenheim der Mechaniker Josef Dechentreiter eine Maschinenfabrik. Dechentreiter sollte zu einem der bekanntesten deutschen Hersteller von Dreschmaschinen werden.

Als abzusehen war, dass die Mähdrescher die nur stationär betriebenen Dreschmaschinen ablösen würden, schaffte es die Firma, sehr schnell, ein solches selbstfahrendes Gefährt auf den Markt zu bringen. Der „Rekord" wurde schon Mitte der 1950er-Jahre verkauft. Die bewährten Dreschmaschinen wurden aber noch weiter produziert, und die vielen, heute noch auf Feldtagen und in Vereinen verwendeten Dreschmaschinen von Dechentreiter sind der lebende Beweis für die hohe Qualität dieser Fabrikate.

1963 übernahm Lely das Unternehmen. Eines der Spitzenprodukte waren die hervorragenden Ladewagen.

Doch die Lage wurde schwierig. Weitere landwirtschaftliche Geräte aus Bäumenheim, so die Miststreuer, sollten die Schieflage beseitigen. Diese Stalldungstreuer waren Heckstreuer. Als Streuorgane fungierten mit Zinken versehene Walzen. Ähnlich wie bei Mengele und den meisten anderen Herstellern hatte man den Anhänger zweiachsig konstruiert. Doch 1963 wurde das Unternehmen von dem niederländischen Lely-Konzern übernommen und unter dem

Dechentreiter war in der Produktion von Dreschmaschinen groß. Schon in den fünfziger Jahren stellte man jedoch den Mähdrescher Rekord vor.

Hier ist die Bedienungs-seite des Dechentreiter-Mähdreschers zu sehen.

Firmennamen Lely-Dechentreiter-Maschi-nenfabrik GmbH weitergeführt. Verbesserte Mähdrescher und vor allem die hervorragen-den Ladewagen sorgten für einen guten Ruf in der Branche.

In den folgenden Jahren ergänzten noch Wohnanhänger und Pistenraupen die Produktpalette des Bäumenheimer Unter-nehmens, was jedoch den wirtschaftlichen Niedergang nicht aufhalten konnte. Schließ-lich wurde die Firma 1970 vom Traktor-hersteller Fendt übernommen. Die Produk-tion wurde auf Caravans und Wohnmobile eingeschränkt. Obwohl das Freizeitfahrzeug-programm relativ gut lief, wurde die Sparte 1997 weiterverkauft, weil sie nicht mehr zur Produktpalette des AGCO-Konzerns, zu dem Fendt nun gehörte, passte. Fendt-Caravan, mittlerweile umgezogen in das benachbarte Mertingen ist unter neuer Führung ein er-folgreicher Produzent, der derzeit mit einer recht positiven Geschäftsentwicklung glän-zen kann.

Lemken

Die Lemken GmbH & Co. KG in Alpen am Niederrhein ist vielleicht die älteste Land-maschinenfirma in Deutschland. 1780 baute Wilhelmus Lemken, der Ahnherr der heuti-gen Inhaberin, in Birten bei Xanten eine Schmiede auf. Der erste nachgewiesenerma-ßen verkaufte Pflug ist datiert auf das Jahr 1804 oder 1808 – einig sind sich die Chronisten da nicht. Bis in die dreißiger Jahre des 20. Jahrhunderts blieb Lemken, der 1844 offiziell als Firma auftrat, ein eher regional ausgerichteter Hersteller. 1925 lei-tete das Patent auf einen Wendepflug mit feststehender Karre und damit einer Steue-rung die Serienfertigung von Pflügen ein.

1936 musste die Produktionsfläche er-weitert werden, und Lemken zog ins nahe gelegene Alpen um. Jetzt wurden auch erste Traktorpflüge hergestellt. Es handelte sich um einen Wechselpflug mit Kettenhebewerk, bei dem ohne Hilfsperson die rechte oder linke Pflughälfte abgesenkt werden konnte. Leider wurde das Werk 1945 vollkommen zerstört, sodass zu Beginn der „Stunde null" ein wirklicher Neuanfang stand.

Lemken begann wieder mit dem Bau von Pflügen. Eine Tradition der Firma wurde es, die Produkte nach Edelsteinen zu benennen. Ab 1960 nutzte Lemken die noch wenig verbreitete Dreipunkthydraulik zur Entwicklung der ersten Winkel- und Volldrehpflüge. Damit hatte man sich der Fachwelt auf beeindruckende Art präsentiert. Die Vier- und Fünfscharpflüge waren für die stärkeren Universaltraktoren gedacht und wurden auf die neue Regelhydraulik abgestimmt. 1966 wurde der Aufsattelvolldrehpflug Diamant ins Programm genommen, zur damaligen Zeit ein beeindruckendes Gerät.

Die Aufsattelpflüge hießen alle Diamant, die Anbaupflüge hingegen Opal. Von Letzteren wurde 1980 eine neue Generation präsentiert, die sich vor allem durch das als „Optiquick" bezeichnete Einstellcenter auszeichneten. Mit diesem Feature war es erstmals möglich, die Vorderfurchenbreite ohne Seitenzug komfortabel einzustellen.

Optiquick war der entscheidende Sprung nach vorn, der Lemken auf den Weg zur Marktführerschaft bei Drehpflügen und Grubbern in Deutschland führte. Über 35 Prozent des Marktes gehören der Firma heute. Zu den beiden Baufamilien kam noch der zwölfscharige Riese Titan, ein Aufsatteldrehpflug, den man mit Traktoren unter 180 PS gar nicht erst von der Stelle bewegte. Die neueste Entwicklung stellt der Hybridpflug Tansanit dar, der in der Kategorie Bodenbearbeitung und Bestelltechnik zur Maschine des Jahres gekürt worden war.

Nach getaner Arbeit führt der Fendt seinen Lemken-Pflug sicher und schnell nach Hause.

Der meistverkaufte Volldrehpflug EurOpal von Lemken, hier in der dreischarigen Version, wiegt schon über 700 Kilogramm. Dabei gehört er zu den kleineren Pflügen.

Ares 697 ATZ von Claas mit Frontpacker und Drillmaschine Saphir von Lemken.

Schon in den 1970er-Jahren war klar, dass mit Pflügen allein das Überleben der Firma langfristig nicht zu sichern war. Deshalb nahm Lemken 1972 den Grubber Achat und die Saatbettkombination Koralle ins Programm auf, zehn Jahre später den Packer Vario-Pack. 1986 folgte der erste Smaragd einer Baureihenfamilie von Scheibengrubbern, die heute mit dem Modell Smaragd 9 immer noch auf dem Markt ist. Diese Maschinen haben die Technik der Stoppelbearbeitung maßgeblich weiterentwickelt. Es folgten 1993 die neuartige Kreiselegge Zirkon und der Systemträger Gigant, der es ermöglichte, an große Traktoren mehrere Arbeitsgeräte kombiniert anzubauen. Arbeitsbreiten von bis zu zehn Metern konnten jetzt

behandelt werden. Lemken schien von der Agrarkrise der Neunziger überhaupt nichts mitzubekommen.

1997 gelang mit der pneumatischen Drillmaschine Solitair der Einstieg in die Sätechnik. 2001/2002 wurden mit dem Rubin eine Kurzscheibenegge und der Thorit als Spezialgerät für die tiefe Bodenbearbeitung auf dem Markt vorgestellt. Dann ein neuer Paukenschlag: Die erste selbstfahrende Bestellkombination der Welt wurde 2003 unter dem Namen Brillant auf den Acker gestellt. Sieben Kubikmeter Saatgut konnten nun ohne Fahrspuren und mit gleichmäßiger Gewichtsverteilung optimal ausgebracht werden. Die konsequente Ausrichtung der Firmenstrategie auf Zuwachs unterstützte natürlich auch die Übernahme interessanter Firmen. Ein wichtiger Coup gelang 1996 mit dem Erwerb der insolventen Traditionsfirma Hassia aus der Nähe von Frankfurt. Dieses Unternehmen hatte 1953 die erste europäische Anbaudrillmaschine für Traktoren gebaut. Als ausgewiesene Spezialisten für Drilltechnik konnten die Leute von Hassia wichtiges Know-how bei Lemken einbringen. 2005 kamen die Feldspritzenanbieter Jacoby und RTS zu Lemken. Damit war nun auch die Pflanzenschutztechnologie vertreten.

Auch der Trend zur Mulchsaat wurde schnell erkannt, und man hat Geräte speziell dafür konzipiert. Zur Verfahrensabfolge wurden folgende Kombinationen vorgeschlagen. Für die erste flache Stoppelbearbeitung: Rubin und Smaragd. Für die tiefe Stoppelbearbeitung oder Saatbettbereitung: Rubin und Thorit. Für die Aussaat: Solitair mit Rubin, Solitair mit Quarz, Solitair mit Zirkon oder Solitair solo.

2004 wurde das neue AgroForum eröffnet, um Vertriebspartner und Endkunden intensiv beraten zu können. Das wurde vor allem bei der Anwendung der Mulchsaat wichtig. Das Unternehmen befindet sich mittlerweile bereits in der sechsten und siebten Generation im Besitz der Familie Lemken. Rund 650 Mitarbeiter produzieren derzeit knapp 9.000 Geräte pro Jahr und erwirtschafteten 2006 einen Rekordumsatz von 138 Millionen Euro. Wichtigstes Exportland ist Russland.

Der Fendt 930 Vario TMS bei der Stoppelbearbeitung mit einem Aufsatteldrehpflug von Lemken. In der Seitenansicht werden die beeindruckenden Ausmaße des Pfluges erst richtig erkennbar.

Dieser Agrotron von Deutz-Fahr hat einen Grubber und eine Sämaschine von Lemken angebaut. Stoppelbearbeitung und Aussaat werden in einem Arbeitsgang erledigt.

Erneut ist ein Fendt unterwegs zur Arbeit. Diesmal führt ein Farmer 307 C einen Kreiselmäher von Mörtl und den Ladewagen K 7.36 seines Konkurrenten Deutz-Fahr mit zur Grünfutterernte.

Mörtl

Die Firma von Friedrich Mörtl wurde 1856 in Starnberg gegründet. Ihre Glanzzeit erlebte sie ab den Dreißigern, als sie Mähwerke für Traktoren herstellte, die sich durch ihre hohe Qualität auszeichnen konnten. Dabei waren es zunächst Mähbalken, etwa vom Typ Florett, die sich sehr gut verkauften und Mörtl zu einem der führenden Anbieter in diesem Bereich machten. 1952 siedelte das Unternehmen nach Gemünden am Main um und schuf mit dem Seitenlader Zentro einen weiteren Meilenstein. Dieses Gerät war auf die Bedienung durch einen Mann ausgerichtet und sorgte damit für eine Ersparnis von Zeit und Kosten.

Der Lader transportierte das Heu in die Mitte des Wagens und erreichte so das gleichmäßige Verteilen auf der Ladefläche.

Später baute man unter anderem Kreiselmäher für den Frontanbau. Mörtl war eine der vielen Firmen, die von der Krise in der Landtechnik in den neunziger Jahren den Todesstoß versetzt bekamen. 1996 mussten die Fabriktore geschlossen werden.

Pöttinger

Im oberösterreichischen Grieskirchen begann im Jahre 1871 Franz Pöttinger mit der Fertigung von Futterschneidemaschinen, die bei den örtlichen Bauern als sinnvolle Arbeitserleichterung sehr gut ankamen. Als eigentlicher Spiritus rector des Unternehmens gilt jedoch sein Sohn Alois, Namensgeber der heutigen Firma. Er übernahm ab 1909 das väterliche Erbe und weitete das Programm um viele weitere landwirtschaftliche Geräte aus, die alle mit Zerkleinerung zu tun hatten: Mühlen, Pressen und Häcksler machten Pöttinger zum größten Landmaschinenhersteller Österreichs.

Die Kriegs- und Krisenjahre überstand Alois Pöttinger und in den 1950er-Jahren

Mörtls Seitenlader Zentro mit Einmannbedienung war in den fünfziger Jahren ein wichtiger Beitrag zum effektiven Einsatz menschlicher Arbeitskraft auf dem Feld.

legte er dann wieder los. Ab 1950 begann die Serienproduktion von ersten Futtererntemaschinen, vor allem Heuaufladern und Schwadrechen. Damit war der Weg in die heute dominierende Grünlandtechnik schon abgesteckt. Sechs Jahre später übernahmen die Söhne Alois, Hans und Heinz das Unternehmen. Wie bei den drei Brüdern Fendt teilten sie sich die Aufgaben und erreichten damit große Ziele. Von 1960 bis 1969 wurde ein neues Werk gebaut. Gleichzeitig entwickelte Pöttinger seine heute legendäre Heuraupe, die für die Grünlandwirtschaft in Hanglagen eine neue Ära einläutete. Sie zeichnete sich durch besondere Standfestigkeit aus und ermöglichte einer Vielzahl von Almwirtschaften, die Sense endlich beiseitelegen zu können.

Das war auch zugleich der Auftakt für die darauf folgende zunehmende Spezialisierung des Unternehmens auf Grünlandmechanisierung. 1963 wurde ein Slogan kreiert: „Pöttinger bringt das grüne Programm". Erster Paukenschlag dieser Firmenstrategie war die Einführung eines Ladewagens. Ende der sechziger Jahre stellte Pöttinger einen Maishäcksler mit Scheibenrad vor.

So konnte man im neuen Jahrzehnt ein breites Sortiment anbieten: Mähwerke, die Heuraupe, Schwadkreisel, Maishäcksler, Kartoffelroder, Dungstreuer, Ladewagen und dazu Geräte für die Hofwirtschaft wie Förderbänder, Pumpen und etliches mehr. 1972 folgte dann ein weiteres Highlight der Unternehmensentwicklung. Der neue Erntewagen nahm nicht nur das Erntegut auf, sondern er konnte es auch wieder dosiert abgeben. Aber im Portfolio fehlte noch ein wichtiger Posten: Pflüge. Diese Lücke konnte 1975 mit dem Aufkauf der bekannten Landsberger Pflugfabrik geschlossen werden. Auch Grubber, Eggen und Fräsen konnten jetzt verkauft werden.

In den sechziger Jahren war der Feldlader Harras der Bayerischen Pflugfabrik in Landsberg vielleicht der billigste Lader in Europa – aber sicher nicht der schlechteste.

Pöttinger war als Zerkleinerungsspezialist groß geworden. Dass sich dieses Know-how auch auf andere Erwerbszweige übertragen

Bayerische Pflugfabrik

1891 gründete Johann Georg Dobler in Landsberg am Lech eine Firma, die sich zunächst ganz der Produktion von Pflügen widmete. Andere Bodenbearbeitungswerkzeuge kamen in kleinem Rahmen dazu. Bis zum Ende des Ersten Weltkriegs hatte man über eine Viertelmillion Pflüge verkaufen können. In der Werbung wurde immer das Prädikat Landsberger vor die Produkte gestellt, sodass die Fachwelt meist nur von den „Landsbergern" sprach.

Die Firma überlebte die Kriegswirren und konnte sich in der Boomzeit der Landmaschinen- und Traktorenindustrie über volle Auftragsbücher freuen. Mit dem Scheibenpflug „Heinrich der Löwe", der Anfang der 1950er-Jahre für Traktoren der Universalklasse hergestellt wurde, landete man einen Erfolg. Auch die Rahmenpflüge blieben ein begehrtes Kaufobjekt. Die Landsberger weiteten ihr Portfolio auch auf Heuerntegeräte und Ladewagen aus. Besonders mit dem Feldlader Harras, der in den 1960er-Jahren vielleicht der preiswerteste Lader in Europa war, konnte man punkten. Doch mit dem Aufkauf durch die österreichische Firma Pöttinger endete die Existenz der Bayerischen Pflugfabrik, aber nicht die Landtechnik in Landsberg. Pflüge wurden dort bis 1994 produziert. Dann erfolgte die Verlagerung ins Stammwerk.

Mit der Futterschneide-maschine begann für Pöttinger der Weg zum größten Landmaschinen-produzenten Österreichs.

Es wird langsam Abend, als der Farmer 208 S mit seinem Ladewagen EuroBoss von Pöttinger langsam den Heimweg antritt.

Im Wechsel- und Übernahmekarussell der 1990er-Jahre spielte auch Pöttinger aus einer starken Position heraus munter mit. Um den Kunden auch Sätechnik anbieten zu können, wurde der Vertrieb der Drill- und Sämaschinen von Nodet aus Frankreich übernommen. Im Gegenzug hatte man Case International für den Pöttinger-Vertrieb bei den Galliern gewinnen können. Kurzzeitig importierte Pöttinger wiederum Welger-Pressen in die Alpenrepublik, wechselte aber dann zu einem italienischen Anbieter, da Welger vom Holländer Lely geschluckt worden war. Die Suche nach einem geeigneten Partner in der Drilltechnik war aber noch nicht abgeschlossen. 1999 nahm man Kontakt zum angeschlagenen deutschen Hersteller Rabe auf, der mit dem ehemaligen Fortschritt-Werk in Bernburg eine Rosine aus der Konkursmasse der DDR-Landtechnik gepickt hatte. Als Rabe Insolvenz anmelden musste, griffen die Österreicher kurzentschlossen zu und kauften das Werk in Sachsen-Anhalt komplett. Nun hatte man eine ideale Plattform für den Einstieg in eine eigene Sätechnik gefunden. Außerdem gewann das Bodenbearbeitungs-Sortiment mit mechanischen, pneumatischen und Mulchsaat-Maschinen weiter an

ließ, zeigte man ab 1987, als mit der Entsorgungstechnik ein neues Geschäftsfeld eröffnet wurde. Papier und Kartons wurden mit dieser Technik zerkleinert, brikettiert und entsorgt. Mit der Vorstellung der Mähwerke unter dem Namen Cat, von Zettern der Hit-Reihe und Schwadern der Baureihe Top präsentierte die dritte Generation ihr unternehmerisches Vermächtnis, und 1991 trat in Person von Heinz und Klaus Pöttinger die vierte Generation an. Heinz Pöttinger blieb der Firma jedoch als Seniorchef erhalten.

Profil. Und immer weiter produzierte man die Ladewagen, bei denen man zur weltweiten Nummer eins wurde.

Ein wichtiger Grundstein des steigenden Erfolgs im neuen Jahrtausend war die konsequente Ausbildung eines Technologie- und Innovationszentrums, das heute europaweit zu einer Ideenschmiede ersten Ranges zählt. Ein modernes Prüfzentrum erlaubt wichtige Erkenntnisse zu Belastungsgrenzen von Material und Konstruktion. Ein multiaxialer Schwingtisch (MAST) kann Beschleunigungen gleich einem Raketenstart und Schwingungen ähnlich einem Erdbeben simulieren. In einer Klimakammer können elektronische Komponenten unter extremen Bedingungen getestet werden.

1999 wurde in Landsberg eine Härteanlage für Verschleißteile in Betrieb genommen und damit dieser Standort deutlich aufgewertet. Zusammen mit Bernburg (ab 2001) und einem im Mai 2007 im tschechischen Vodnany errichteten Werk stützt sich Pöttinger inzwischen auf vier Standorte.

Sehr interessant wird es sein, zu verfolgen, wie die Umsetzung des Projekts Vodnany funktionieren wird. Die Idee, die dahinter steckt, ist nämlich die der integrierten Fabrik. Das bedeutet, dass alle Abläufe von der Produktidee bis zur Endfertigung transparent gemacht werden, Büro und Fertigung also zu einer Einheit verschmelzen sollen. Auch die Lieferanten, mit denen Pöttinger langfristige Partnerschaften pflegt, sollen in diesen Prozess vom Anfang bis zum Ende eingebunden werden. Neben der besseren Zusammenarbeit soll vor allem ein schnelles Reagieren auf die Bedürfnisse des Marktes möglich werden und somit ein entscheidender Wissensvorsprung gegenüber den Mitbewerbern geschaffen werden.

Das Programm im neuen Jahrtausend ist wie folgt: Bei den Mähwerken kann man zwischen den Kreiselmähwerken Novacat,

Novadisc und Novaalpin wählen, bei den Trommelmähwerken findet man die ältere Cat und die Eurocat. Die Maschine des Jahres 2006, der Alpha-motion Anbaubock, kann für Frontanbaumäher eingesetzt werden und bewirkt durch seine Federung eine gleichmäßige Mähwerksentlastung über einen großen Arbeitsweg. Jede Bewegung der Mäheinheit steuert den Tragrahmen und bewirkt einen schwebenden Schnitt. So wird die Grasnarbe geschont. Größere Geschwindigkeiten bei unruhigem Gelände werden

Stets beeindruckende Bilder gelingen, wenn man den Vierkreiselschwader Eurotop 1251 A fotografiert. Für den Transport und zum Wenden werden die Kreisel hydraulisch ausgehoben.

Ein weiteres Produkt aus dem Hause Pöttinger war dieser Heuauflader.

Die Drillmaschine Multidrill MEL 300 in Kombination mit einem Frontpacker im Einsatz. Im Hintergrund agiert ein Pflug.

möglich. Bei fallendem Gelände senkt sich der Tragrahmen, steigt das Gelände, so hebt er sich.

Die Zettkreisel heißen Eurohit, die Schwadkreisel Eurotop. Unter der Vielzahl von Eggen kann man die Kreiseleggen Lion, die Kurzscheibeneggen Terradisc (seit 2004) und für den Weinbau die Vinodisc bekommen. Die Grubber heißen Synkro, die Häcksler Mex. Immer noch sehr wichtig und begehrt sind die Servo-Pflüge, die als Anbaudrehpflüge und fünf- bis neunscharig als Aufsatteldrehpflüge zu haben sind. Steinsicherung und hydraulische Schnittbreitenverstellung sind hier längst Ausstattungsstandards. Mit dem elektronischen Messsystem Servo intelligent wird der Zugpunkt automatisch auf die optimalen Werte eingestellt.

Neben den Sämaschinen Aerosem (pneumatisch) und Vitasem (mechanisch) ist die Mulchsaatmaschine Terrasem seit 2004 ein wichtiger Posten, der für die derzeit vielgepriesene konservierende Technik eingesetzt werden kann. Von großer Bedeutung für das Unternehmen sind weiterhin die Ladewagen Boss junior, Boss, Euroboss, Primo und die Silierwagen mit Laderotor (Faro, Europrofi, Torro und Jumbo). 2006 wurde zum besten Geschäftsjahr der Unternehmensgeschichte.

Rabe

Die Entwicklung des 1889 von Johann Friedrich Clausing gegründeten Unternehmens zu einem der bedeutenden deutschen Landmaschinenproduzenten verlief zunächst nur sehr langsam. Der Firmengründer schmiedete Pflüge und andere Ackergeräte. Sein Sohn konnte die kurze Boomphase der Landtechnik kurz vor dem Zweiten Weltkrieg nutzen und baute in Bad Essen (bei Osnabrück) die Rabe-Werke neu auf. Der bekannte rot-schnabelige Rabe wurde zum Markenzeichen.

Nach dem Krieg lief die Entwicklung erst einmal unspektakulär weiter. Die Geschäfts-beziehungen zu Frankreich wurden durch ein Tochterunternehmen im Elsass gefestigt. Dennoch ist Deutschland bis heute der bei weitem wichtigste Absatzmarkt geblieben. Der Ruf der Firma gründet sich vor allem auf die Feder-Steinsicherung Avant und die stu-fenlose Schnittbreitenverstellung Variant für Pflüge. Auch bei Kreiseleggen, Grubbern und Drillmaschinen (ab 1989) bot Rabe eine hervorragende Performance.

Die pneumatische Drillmaschine Turbo-drill machte auch einen Kauf interessant, der für ein Aufhorchen in der Fachwelt sorg-te: Rabe erwarb aus der Masse des Fort-schritt-Kombinats in der DDR die in Bernburg (Sachsen-Anhalt) beheimatete Drillmaschinen-Abteilung. Dieser Produk-tionsstandort war aus der Firma Sieders-leben entstanden, die vor dem Krieg mit ihren Saxonia-Sämaschinen weltweite Verkaufserfolge gefeiert hatte. Sogar die DDR-Führung hatte diesen Markennamen weiterverwendet und dort die Produktion von Drillmaschinen angesiedelt.

Rabe war eine der innovativsten Kräfte in der Landmaschinenindustrie. Das zeigen nicht zuletzt die über 140 Patente. Dennoch geriet das Unternehmen in der allgemeinen Krise der neunziger Jahre ins Trudeln. Die Qualität der Produkte ließ in diesen schwie-rigen Zeiten nach, was viele Kunden und Händler abschreckte. Das lag daran, dass man billigeren Zulieferern vertraute, deren Güte oft nicht stimmte. So manche eilige Entwicklung sollte die schnelle Mark sichern und wurde unreif auf den Markt geschickt. Diese ganzen Befreiungsschüsse gingen aber leider nach hinten los. Im Jahre 2000 musste sogar Insolvenz beantragt werden. Dann sprang die österreichische Firma Pöttinger ein und kaufte das Werk in Bern-burg auf. Bereits 1999 hatte sich dieses Unternehmen eine Beteiligung von etwa 25 Prozent an Rabe gesichert und musste, schon allein um diese Anteile zu wahren, seine Hilfe anbieten.

Rabe hatte sich inzwischen auch im Bereich der Mulchsaat wichtiges Know-how erworben und konnte sich so wieder festi-gen. Dazu passende Gerätesysteme wurden sehr bald vorgestellt. Am 1. März 2001 erfolgte die Gründung der Rabe Agrarsyste-me GmbH & Co. KG, die einem Konsortium

Jetzt sieht man die beiden Fendts mit ihren Rabe-An-baugeräten deutlicher und erkennt den vierscharigen Albatros-Pflug und die Saatkombination.

Die pneumatische Mulch-Sämaschine MegaSeed gibt es mit Arbeitsbreiten zwischen drei und sechs Metern. Ihre Arbeitsgeschwindigkeit beträgt 15 Stundenkilometer.

aus der Landmaschinenbranche gehörte. Damit war die Zukunft der Raben erst einmal gesichert. In Bad Essen produzierte man Pflüge, Kreiseleggen und Kombinationen, während der Standort Frankreich Grubber, Scheibeneggen, Packer und Saatbettkombinationen baute.

Doch trotz guter Ideen hielt die schwierige Phase an. Im April 2006 wurde die Rabe Agrarsysteme GmbH von der Unternehmerfamilie Rau übernommen. Unter der Geschäftsführung von Stephanie Egerland-Rau erhielt die Firma den Namen Rabe Agri GmbH. Das war der Startschuss für einen richtigen Neuanfang.

Das Sortiment von Rabe ist breit gefächert und bürgt wieder für hohe Qualität. Sowohl für die Pflugarbeit als auch für die trendige konservierende Bodenbearbeitung bietet die Firma durchdachte und zuverlässige Systeme an. Pflüge und Kreiseleggen teilten sich Anfang dieses Jahrtausends jeweils ein Drittel des Umsatzes, während der Rest für Saattechnik und weitere Bodenbearbei-

tungsgeräte reserviert war. Die neue Führung hat einen Konsolidierungskurs auf niedrigerem Niveau eingeleitet, doch die wachsenden Umsätze und die hohe Exportquote zeigen, dass sich in Bad Essen ein neuer Geist regt, der die Pleiten der vergangenen Jahre vergessen machen wird. In den Bereichen Bodenbearbeitung und Sätechnik wird Rabe sicherlich in den nächsten Jahren wieder ein gewichtiges Wort in der Branche mitsprechen.

Rud. Sack, Plagwitz

Wenn man in Deutschland von Pflügen spricht, dann kommt man an einem Namen nicht vorbei: Rudolph Sack. Sehr oft findet man ihn auch „Rudolf" geschrieben. In ihren Publikationen schreibt sich die Firma später nur Rud. Sack. Der 1824 in Kleinschkorlopp bei Leipzig geborene Sack war eine erfolgreiche Mischung aus Erfindungsgeist und unternehmerischem Genie, der auch noch das Glück hatte, zur richtigen Zeit zu leben.

Zu Beginn stellte er in einer Schmiede im Nachbardorf Löben die Landmaschinen manuell her, die ihm später Weltruhm einbringen sollten: Pflüge und Drillmaschinen. Darunter war auch der erste eiserne Pflug mit mathematisch berechneter Selbstführung. Es folgten Patente auf einen Rodepflug für den Zuckerrübenanbau, eine Handsämaschine sowie verschiedene Hack- und Häufelgeräte.

1863, mit fast vierzig Jahren, wagte er den Sprung zum Unternehmen. In Plagwitz, im Südwesten von Leipzig – seit 1891 der Messestadt eingemeindet – gründete er eine Landmaschinenfabrik. Er begann mit fünf Beschäftigten, aber bereits fünf Jahre später konnte er sich ein eigenes Grundstück kaufen und sich darauf eine neue Fabrik samt Wohnhaus errichten. Seine Sternstunde schlug 1866 mit der Erfindung des Universalpfluges, der für die verschiedensten Bodenverhältnisse umgerüstet werden konnte. Die Zahl der Mitarbeiter war auf 60 gestiegen. Noch zehn Jahre später bewegte sie sich um 650. Die Firma wuchs weiter. Als Rudolph Sack im Jahre 1900 starb, waren bereits 2.000 Menschen in seinem Betrieb tätig. Jährlich konnten 60.000 Pflüge abgesetzt werden. Vor dem Ersten Weltkrieg belief sich der weltweite Absatz von Pflügen auf schier unglaubliche 180.000 Stück.

Stolz warb Sack damit, Produktkataloge in allen Sprachen zur Verfügung zu stellen.

Mit der Gründung des Vereins der Fabrikanten landwirtschaftlicher Maschinen und Geräte 1897, bei dessen Entstehen in Leipzig er maßgeblich beteiligt war, hatte er ein wichtiges politisches Instrument für seine Branche mit geschmiedet. Seine Nachfolger führten ein paar Jahre den Vorsitz. Seine Familienmitglieder, die ihm in der Leitung der Firma folgten, setzten den Erfolgsweg fort. So konnte man auch Dampfpflüge bauen.

Mit zeitweise bis zu 3.500 Beschäftigten war

Die Werbeannonce von Sack verweist stolz auf die Auszeichnungen auf den Weltausstellungen in Paris und Mailand.

Einschariger Karrenpflug der Firma Rud. Sack. Sehr schön erkennt man hier Schar, Sech und Vorschäler (von links).

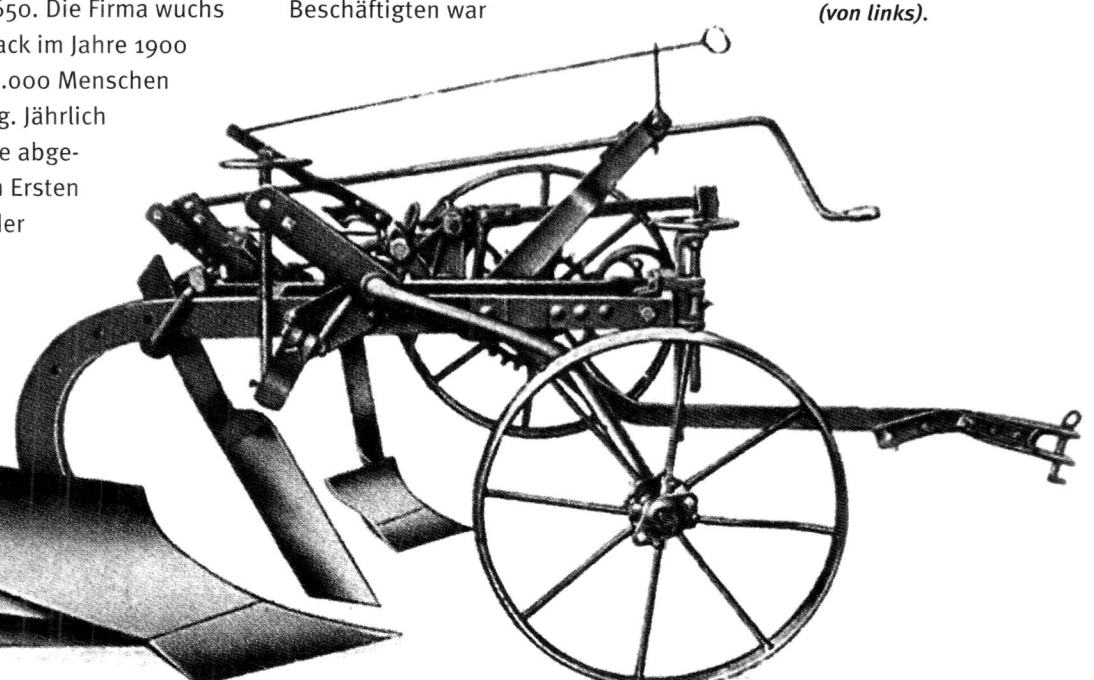

Auch Pflüge für Traktoren wurden bei Sack gefertigt. Dieses Werbeplakat stammt aus dem Jahre 1934.

verstaatlicht. Die Besatzungsmacht wusste genau, welches Potenzial Plagwitz hatte. Bereits 1947 arbeiteten schon wieder tausend Menschen in den Fabrikhallen, diesmal nicht mehr für die Erzeugerschlacht, sondern zum Ruhme des Sozialismus. Der Weltruhm der Vorkriegszeit konnte zwar nie wieder erreicht werden, aber immerhin wurde der VEB Leipziger Bodenbearbeitungsgeräte (BBG), wie der Betrieb von nun an hieß, zur zentralen Pflugschmiede der DDR. Über 4.100 Arbeiter waren in den verschiedenen Zweigwerken 1989 tätig. Doch auch ihnen setzten die Folgen der Wiedervereinigung zu.

Als BBG Leipzig wurde das Unternehmen privatisiert, wobei der Großteil der Mitarbeiter schmerzlich erkennen musste, dass die Sache mit dem „volkseigen" nichts anderes als eine Worthülse war. Ein wichtiger und sehr positiver Schritt für die BBG erfolgte 1998, als die sehr erfolgreichen Amazone-Werke den Betrieb übernahmen. Die Rahmenbedingungen waren ideal, denn BBG konnte am Markt weiterhin als eigenständiges Unternehmen auftreten und zusätzlich Produkte der Amazonen ins Programm übernehmen. Heute werden verschiedene Geräte auf dem Gebiet der Bodenbearbeitungs-, Drill-, Pflanzenschutz- und Rübenerntetechnik hergestellt. Allerdings ist man mit der Zahl von 120 Beschäftigten weit von den Glanzzeiten der Vorkriegszeit entfernt.

Rud. Sack zum größten Pflughersteller der Welt aufgestiegen und hatte im Bereich der Drillmaschinen dank seiner hervorragenden technischen Qualität ebenfalls die Nase vorn. Zum Teil wurden 200 Stück täglich hergestellt. Doch die Weltwirtschaftskrise nach dem Börsencrash in der Wall Street traf die Plagwitzer, die inzwischen zu Leipzig gehörten, voll. Bei einer Exportquote von über 70 Prozent wären die beiden Kriege ohne Rüstungsaufträge nicht zu überleben gewesen. Dabei wurden auch viele Zwangsarbeiter eingesetzt. Aus diesem Grund beschlagnahmten die Sowjets später das Betriebsvermögen. Sack wurde enteignet und

Dieser zweischarige Pflug zeigt, wie die Technik im Laufe nur weniger Jahre fortgeschritten war.

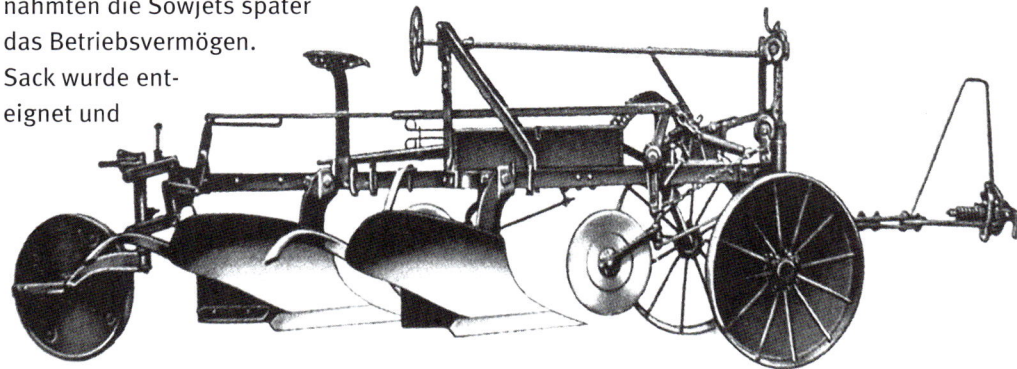

Dieser Schlüter Super 1500 TVL arbeitet mit einem Kreisel-Zetter aus dem Hause Stoll.

Stoll

Südlich von Berlin, in Luckenwalde, wurde 1878 die Firma Wilhelm Stoll gegründet, die sich zunächst technischen Gebrauchsgütern wie Fahrrädern und Nähmaschinen widmete. 1906 zog das Unternehmen nach Torgau an der Elbe um. Dieser Ort ist heute weltweit bekannt als derjenige, an dem sich im Zweiten Weltkrieg Amerikaner und Sowjets zum ersten Mal die Hand schüttelten.

Nach dem Ersten Weltkrieg baute Stoll Deichselträgerkarren für aus den Vereinigten Staaten importierte Gespann-Mähbinder. Das Programm entwickelte sich in Folge immer mehr in Richtung Landmaschinen. Besonders im Bereich der Hackfruchternte engagierte man sich in Torgau. Grubber und Pflegegeräte, die als „Landpfleger" bekannt waren, Kartoffelroder und Rübenernter wurden zu wichtigen Produkten. Dazu kamen noch Grasmäher und

Heuwender. Schon Mitte der 1930er-Jahre hatte man auch bei der heimlichen Aufrüstung der Luftwaffe mit der Produktion von entsprechenden Bauteilen einen weiteren Bereich hinzugewonnen.

1946 floh die Firmenleitung vor den Russen in den Westen. Neue Heimat wurde Broistedt, das in den 1970er-Jahren in Lengede eingemeindet wurde und im Dreieck Braunschweig – Hannover – Salzgitter liegt. Das Firmengelände im Osten wurde von den neuen Machthabern wieder zu Zwecken der Landmaschinenproduktion herangezogen. Das Werk Landmaschinenbau Torgau wurde in das Kombinat Fortschritt eingegliedert. Man stellte dort vor allem Maschinen für die Rübenernte, Schneidewerke für Schwadmäher und Mähdrescher her.

Die Familie Stoll baute im Westen zunächst noch Modelle des Vorkriegsprogramms, doch bald orientierte man sich auch in neue Richtungen. Rübenerntemaschinen wurden

Dieser Kartoffelroder stammt aus den fünfziger Jahren. Wichtiger jedoch waren die Maschinen für die Rübenernte.

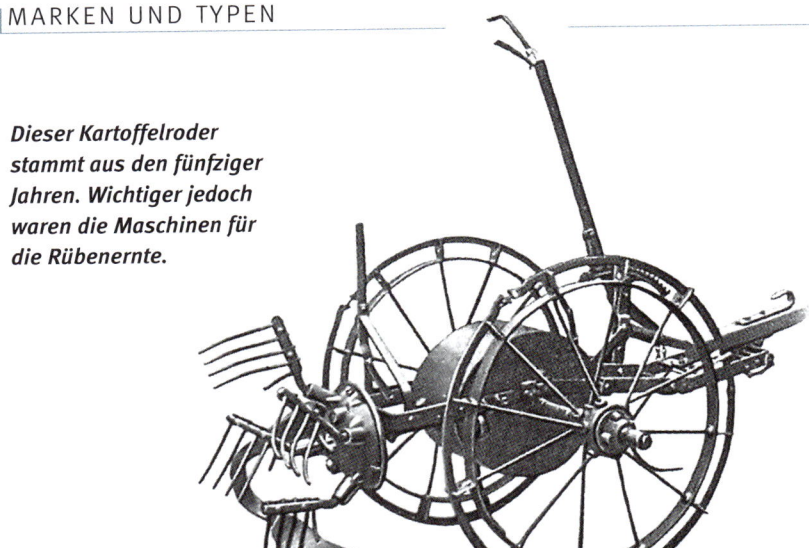

Schwader sind ein bedeutender Teil des Produktprogramms von Stoll. Hier ist ein Einzelschwader vom Typ R 335 bereit zum Einsatz.

sehr wichtig, die „Juwel"-Reihe entstand ab 1960. Diese Geräte brachten Stoll einen großen Image-Gewinn ein. Es gab einreihige und zweireihige Rübenroder in verschiedenen Varianten. Dann kamen mehrreihige Versionen auf den Markt. Vor allem aber begann man 1963 mit der Produktion von Frontladern, die ab Mitte bis Ende der sechziger Jahre auf vielen Höfen sprunghaft steigende Bedeutung erlangten.

In den siebziger Jahren baute man das Sortiment im Bereich der Heuerntemaschinen aus. Die Universal-Heumaschine wurde sehr bekannt.

Eine Sensation war der Bunkerköpfroder V 100, der 1984 vorgestellt wurde. Die gerodeten Rüben wurden direkt in den angebauten großen Lagerbehälter befördert. Zusammen mit der zweireihigen Version konnte sich Stoll bis 1993 die Position des Marktführers erobern. In dieser Zeit entwickelte man in Broistedt diese Maschine zu einer selbstfahrenden Variante weiter. Dieses massige, 197 PS starke Gerät fuhr auf vier gleich großen Reifen und hatte eine zweckmäßige Freisichtkabine. Krösus blieb Stoll jedoch auch in den neunziger Jahren mit seinen Frontladern. Etwa die Hälfte des Umsatzes generierte man aus diesem Geschäft. Mit festen Zulieferverträgen wurden auch die großen Traktorfirmen direkt mit Frontladern beliefert.

Doch auch an Stoll ging die Krise der Landwirtschaft zum Ende des Jahrtausends nicht spurlos vorüber. Die Probleme wurden dadurch gelöst, dass der dänische Konzern JF, genauer, der J. Freudendahl Invest A/S aus Sønderborg/Dänemark, die deutsche Traditionsmarke übernahm. Die Verbindungen zu JF hatte es schon länger gegeben. Immerhin hatte Stoll 1997 den Vertrieb der JF-Maschinen in Deutschland übernommen und dafür durch eine 20 Prozentige Beteiligung der Dänen wieder Geld in die Kassen gespült bekommen. Die Herstellung der selbstfahrenden Rübenernter musste an die Firma Grimme abgegeben werden. Die Exportquote von JF-Stoll ist nicht besonders hoch. Fast 70% des gesamten Umsatzes wurden 2002 in Deutschland erwirtschaftet. In einigen Sparten jedoch gab es Exporte von bis zu 60 Prozent. Der Umsatz von Stoll allein stieg in den letzten Jahren um fast zehn Prozent. Diese Werte verheißen Gutes,

vor allem, da sich Stoll speziell bei Frontladern einen Spitzenruf erarbeitet hat. Ob
sich das mit JF vereinbarte Konzept einer
integrierten Versorgung des Landwirts mit
allen Arbeitsgeräten vom Säen bis zum
Verfüttern längerfristig durchsetzen kann,
ist eine der spannenden Fragen, die die
kommenden Jahre beantworten werden.

Aktuelles Objekt im breiten Sortiment ist
eine 2007 vorgestellte neue Familie von
Futtermischwagen.

Väderstad

Das Unternehmen Väderstad ist nach einem
kleinen schwedischen Dorf benannt, in dem
1962 Rune und Siw Stark ihre Firma gründeten. Der Grundstein des Unternehmens wurde in der kleinen Werkstätte eines 30 Hektar

großen landwirtschaftlichen Betriebes gelegt. Dort montierten sich die Starks ihre
eigene Egge zusammen. Das Gerät scheint
auch bei den anderen Landwirten Anklang
gefunden zu haben, denn bald wurde eine
Scheune zu einer Montagehalle ausgebaut,
von wo aus die Betriebe der Umgebung mit
Eggen versorgt wurden. Aber schon 1972
musste das Unternehmen in eine neue, größere Halle umziehen. Zu dieser Zeit waren
es schon 20 Beschäftigte, die an der Herstellung und Weiterentwicklung der Eggen
arbeiteten. Wenige Jahre später wurden die
ersten Produkte nach Norwegen und bald
darauf nach Deutschland exportiert. 1977
entwickelte der Väderstad-Betrieb seine
ersten Walzen und Grubber. Im selben Jahr
begann der Export nach Dänemark und
Frankreich. Bald wurden Väderstad-Geräte in

*Die Wälzegge an diesem
Väderstad-Grubber hat die
Aufgabe, die Zinkenfurchen
einzuebnen und bei der
Tiefenführung zu helfen.
Beim Traktor handelt es
sich um einen Steyr 6170
CVT.*

*Mit den Rapid-Drillma-
schinen von Väderstad
können bis zu acht Hektar
pro Stunde gesät werden.
Diese Rapid Super XL 400
hat einen 4.200 Liter
großen Saatguttank.*

*Dieser achtscharige
Aufsattel-Beetpflug heißt
VN plus.*

ganz Skandinavien verkauft. Ende der neun-
ziger Jahre erweiterte man das Angebot um
Drillmaschinen, Fronttiller und weitere
Eggen-Modelle.

Die Schwerpunkte der Unternehmenstä-
tigkeit liegen bis heute in der Technik für
Bodenbearbeitung und Aussaat. Pflüge
gehören nicht zum Programm. Stattdessen
legt Väderstad Wert auf seine Kompetenz in
der flachen Bodenbearbeitung. Zu den
Verkaufsschlagern gehört die Rapid-Drill-
maschine, mit der sich die Aussaat bei
hoher Geschwindigkeit bewältigen lässt.

Heute werden die Väderstad-Maschinen
in einer hochmodernen Produktionsstätte
mit einer Größe von 25.000 Quadratmetern
hergestellt. Die Zentrale liegt nach wie vor in
dem kleinen Ort Väderstad, aber Tochtergesellschaften bestehen in England, Frankreich, Deutschland, Polen, Ungarn, Estland,

Lettland, Litauen und der Ukraine. Der
Exportanteil beträgt ungefähr 80 Prozent
des Umsatzes. Das Unternehmen befindet
sich weiterhin im Besitz der Familie Stark.
Die Position des Geschäftsführers ist mittlerweile auf die zweite Unternehmergene-
ration übergegangen. Insgesamt beschäftigt
Väderstad ungefähr 600 Mitarbeiter, die
2006 für einen Umsatz von 75 Millionen
Euro verantwortlich waren.

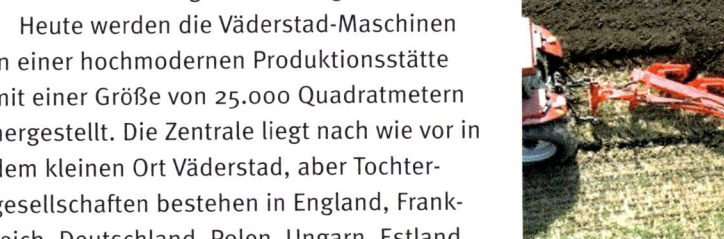

Vogel & Noot

Die Geschichte der Firma Vogel & Noot beginnt 1872, als die beiden Österreicher Friedrich Vogel und Hugo Noot zusammen mit Hermann Rührlein in Wartenberg im Mürztal eine Firma gründen, die Schaufeln und Spaten produziert. Von dort zur Landwirtschaft war es ein kurzer Weg. 1897 schafften sie sich eine weitere Walzanlage an, mit der sie Pflugschare produzieren konnten. Nach dem Ersten Weltkrieg produzierten sie auch komplette Pflüge.

Gleich nach dem Zweiten Weltkrieg begann man mit dem Bau von Traktorpflügen. Es folgten weitere Landmaschinen, so der erste österreichische Motormäher, Einachs-Traktoren, Rechwender, Düngerstreuer, Geräte für den Weinbau und vor allem der Heublitz, ein sehr bekannter Heurechwender, der sich besonders bei der Arbeit in Hanglagen auszeichnete. Er fuhr 1962 zum ersten Mal über die Wiesen Österreichs und bald auch ganz Europas. Doch die Exportfähnchen von Vogel & Noot steckten auch in den USA, Japan und Skandinavien.

Auch im Pfluggeschäft kam man sehr gut voran. Verschiedene Pflugarten wurden auf den Markt gebracht (1956 der Beetpflug Comet, 1961 ein Grenzpflug, 1979 die Euromat-Volldrehpflüge). 1972 hatten sie alle österreichischen Pflugbauer mit ihren Scharen beliefert, insgesamt produzierte Vogel & Noot etwa 250.000 Stück im Jahr.

Die Öffnung des Eisernen Vorhangs bedeutete für die Österreicher eine Rückkehr der alten Märkte an der Donau und auf dem Balkan. 1994 hatte man in Wartenberg berechnet, dass man die Nummer 2 aller Pflughersteller der Welt sei. Außerdem gibt es jetzt noch Saatbettkombinationen, pneumatische Drillmaschinen und Geräteträger, dazu Walzen, Eggen und immer neue Pflüge zu kaufen.

Die VN MasterDrill ist eine pneumatische Drillsämaschine.

1998 übernimmt Vogel & Noot die deutsche Traditionsfirma H. Niemeyer Söhne. Dieses Unternehmen hatte um 1890 im westfälischen Riesenbeck mit Pflügen begonnen, sich aber sehr schnell auf andere Geräte ausgedehnt: Mähmaschinen, Heuwender, Düngerstreuer, Fräsen und Kreiseleggen. Das Glanzprodukt von Niemeyer war die Heuma, ein Sternrad-Heuwender, der auch Rechen und Schwaden zu seinen Fähigkeiten zählen durfte. Diese Fusion ließ einen der größten Produzenten von Bodenbearbeitungsmaschinen und Geräten zur Heuernte in Europa entstehen.

Vor allem ungeschicktes Management im Bereich der Wärmetechnik brachte das erfolgreiche Unternehmen ab 2001 in die Verlustzone. 2003 wurde das Unternehmen zerschlagen.

Das Unternehmen Niemeyer war durch die Heuma, einen Sternrad-Heuwender, der auch Rechen und Schwaden konnte, sehr bekannt geworden. 1998 kauften Vogel & Noot diese Traditionsfirma auf.

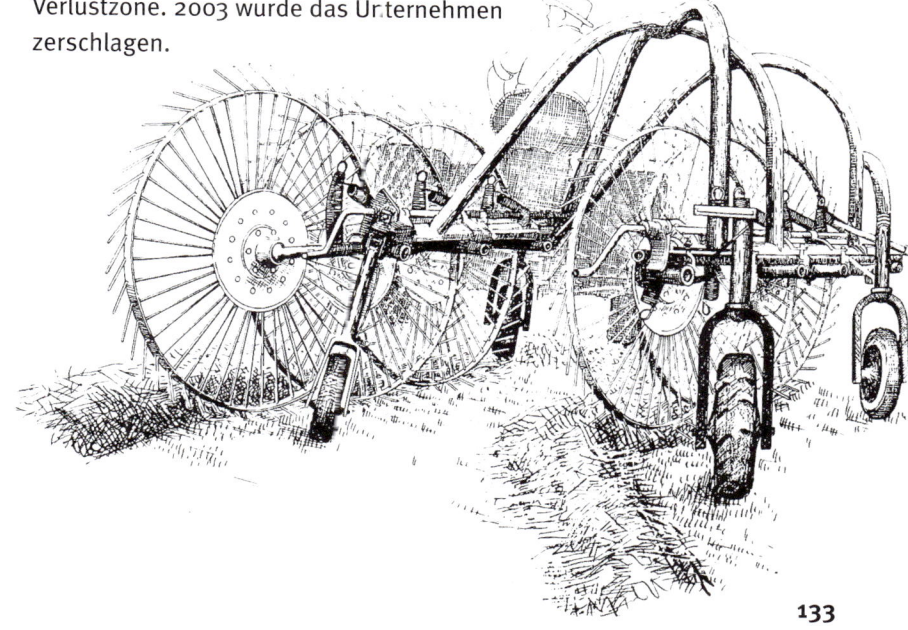

Der VEB Bodenbearbeitungsgeräte Leipzig, der 1954 diesen Traktorpflug ausstellte, war aus den Überresten der Firma Rud. Sack gegründet worden. Er wurde zur zentralen Pflugschmiede der DDR.

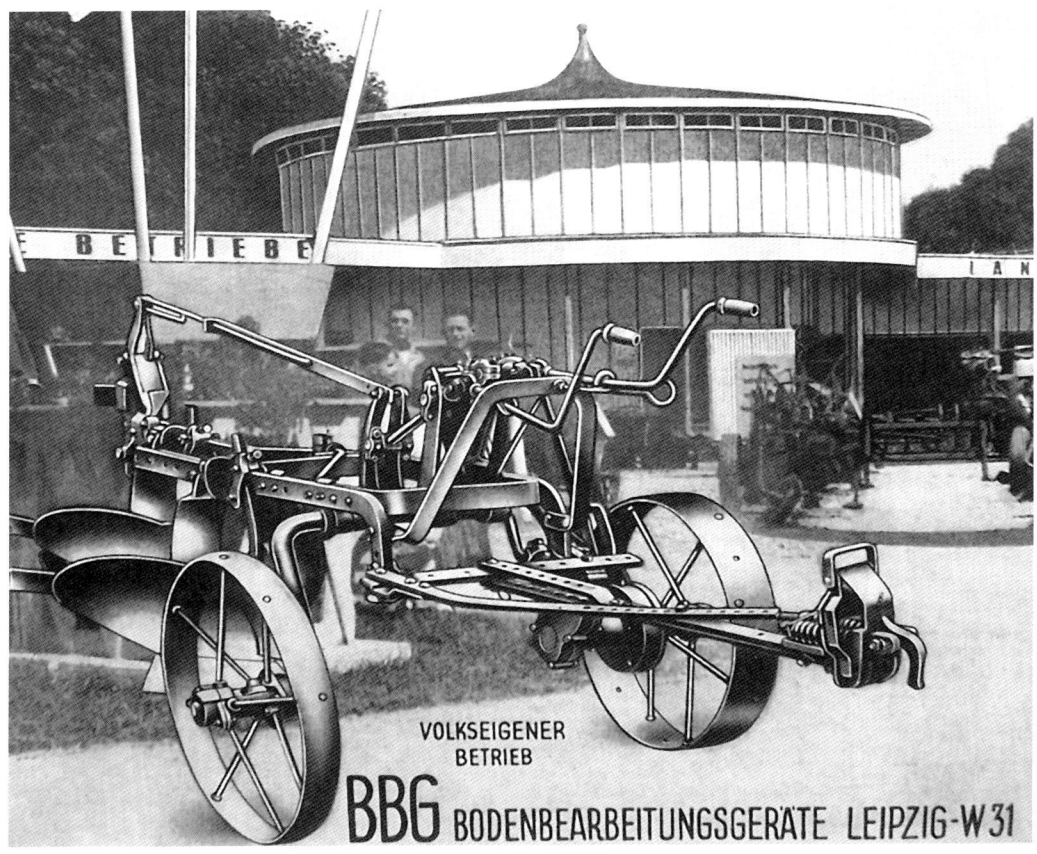

Für den Landmaschinenbereich wurde mit der Dieter Mengele Beteiligungs GmbH ein neuer Eigentümer gefunden. Unter dem Namen Vogel & Noot Soil Solutions präsentiert sich das neue Unternehmen heute auf wichtigen Messen. Bis 2006 hatte man sich konsolidiert und freute sich über mehrstellige schwarze Zahlen. Heute ist Vogel & Noot der größte Pflughersteller in der EU. Die aktuelle Pflugreihe wird in mehr als 45 Länder exportiert – auch außerhalb Europas.

Die Vereinigung Volkseigener Betriebe

Land-, Bau- und Holzbearbeitungsmaschinen
Richtiggehend auferstanden aus Ruinen war die Landmaschinenfabrikation auf dem Gebiet der DDR. Mit dem, was die Sowjets nicht abtransportierten, wurden neue Produktionsanlagen eingerichtet. Von Beginn an stand auch dieser Wirtschaftszweig unter der Kontrolle von Staat und Partei. Unter dem Dach der VVB LHB, der Vereinigung Volkseigener Betriebe Land-, Bau- und Holzbearbeitungsmaschinen, wurden sie zu einer Einheit zusammengefasst. Was wo in welcher Stückzahl produziert wurde, wurde von oben vorgegeben. Dabei kam es oftmals zu seltsamen Entscheidungen, die ahnungslose Bürohengste erfahrenen Ackergäulen aufzwangen.

Das erste Kombinat aus verschiedenen Werken im Süden des Landes wurde 1951 mit der „Fortschritt Landmaschinen Neustadt" gegründet. Schon damals arbeiteten über 1.500 Menschen in diesen Betrieben. In Neustadt/Sachsen lag ein Zweigwerk der

Nürnberger Hering AG, die sich 1938/40 hier – wie auch in Gunzenhausen, wo heute die Firmenzentrale liegt – niedergelassen hatten. Hering baute damals Trocknungsanlagen, Kühlanlagen für Dampf, Luft und Wasser sowie Vakuum-Ölreinigungsanlagen. Vorher hatte man an diesem Standort Kaffeemühlen hergestellt.

Das andere für unser Thema wichtige Kombinat hatte seinen Standort in Weimar auf dem Gelände der ehemaligen Waggonfabrik. Dort wurden zuerst in Lizenz russische Mähdreschermodelle gebaut, ehe man in den Bereich Kartoffeln und Rüben, also in die Hackfruchtsparte gesteckt wurde. In Leipzig gab es noch die Überreste der einstmals zu den führenden Landmaschinenherstellern zählenden Firma Sack. Dort wurde nach Reparation und Enteignung ein Neuaufbau unter dem Namen VEB BBG Bodenbearbeitungsgeräte Leipzig begonnen. Natürlich machte man mit Pflügen, Grubbern und Eggen weiter, doch erweiterten die Leipziger ihr Portfolio zudem noch um Rübenerntemaschinen. Dieses Werk war

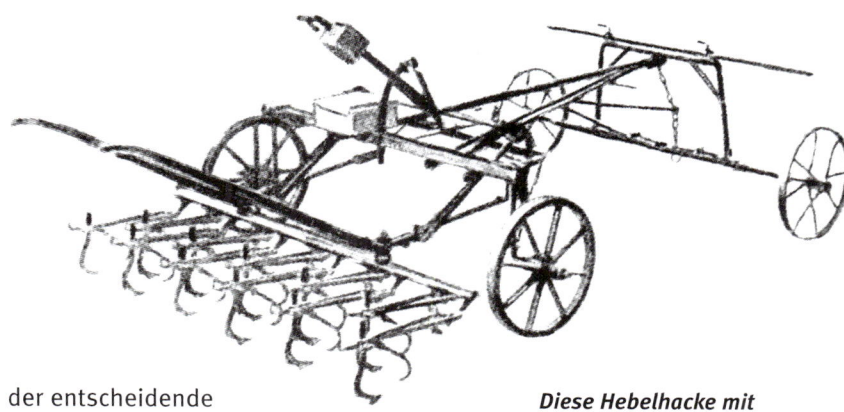

der entscheidende Pflughersteller der DDR.

Da mit der Bodenreform wieder größere Betriebe geschaffen worden waren, brauchten die Landwirte in der DDR andere Produkte als im Westen, wo immer noch der kleinere Hof dominierte. Aus diesem Grund waren auch andere Geräte gebaut worden. Hinzu kam, dass die Traktorproduktion im Rahmen des berüchtigten RGW-Abkommens aus der DDR weitgehend abgezogen wurde. Daher wurden selbstfahrende Arbeitsgeräte entwickelt. Zu diesen zählten Schwadmäher, Pressen, Feldhäcksler, Kartoffelernte- und Rübenerntemaschinen sowie Mähdrescher.

Diese Hebelhacke mit Vorderwagen stammt von der Firma Saxonia (Siedersleben) in Bernburg. Auch dieser Betrieb wurde nach dem Krieg verstaatlicht und in die VEB-Struktur eingebunden.

Wichtigster Landmaschinenproduzent der DDR war der VEB Fortschritt. Sein selbstfahrender Schwadmäher E301 stammt von 1971.

Der Erntemeister E 527, einer der letzten DDR-Mähdrescher, im Sonnenuntergang.

Bei den Mähdreschern gab es zwischen 1954 und 1989 gerade mal sechs verschiedene Modelle: E 175, E 177, E 512, E 514, E 516 und E 517. Sie wurden in Weimar, ab 1959 in Singwitz produziert. Kaum zählbar dagegen die verschiedenen Baumuster und Marken in Westdeutschland! Der E 175 basierte auf einem Modell aus der UdSSR, das modifiziert wurde. So ersetzte man in der DDR den Vergasermotor durch einen Diesel.

In Neustadt beschäftigte man sich mit einer effektiveren Methode für die Mäharbeit. Ergebnis war 1955 der Mählader E 062. Ihn konnte man zum Einfahren von Grünfutter in der Kombination Mähwerk – Lader oder zum Aufnehmen von Heu und Stroh mit einem Pick-up nutzen. Bei den Feldhäckslern dominierten zuerst die gezogenen Modelle. Eines der wichtigsten Pro-

dukte waren die Sammelpressen, von denen in der Geschichte der DDR über 175.000 Stück hergestellt wurden. Eines der Glanzstücke war der selbstfahrende Schwadmäher E 301. Ihm sehr ähnlich sah der Feldhäcksler E 280. Der E 301 war mit einem weißrussischen Motor ausgestattet, der auch im von dort stammenden Schlepper MTS 50 verbaut wurde. Statt des hydrostatischen Getriebes musste man auf einen Eigenbau zurückgreifen. Die Notwendigkeit, kurz zurückzufahren, wie sie bei Verstopfungen des Schneidwerks vorkommt, war deshalb nicht so bequem zu lösen. Der E 280 trug ein 150-PS-Aggregat aus Schönebeck. Die mangelhafte Wurftrommel und die Häckselqualität waren jedoch zwei gewichtige Nachteile dieses ansonsten erfolgreichen Geräts.

Auch die ersten Kartoffelroder waren auf der Grundlage von Entwicklungen der UdSSR entstanden. Es waren die ab 1954 gebauten E 671. Für einen stark verbesserten Nachfolger auf dieser Basis sorgten die schlauen Köpfe in Weimar, die 1958 den E 372 entwickelten. 1960 wurde der noch einmal optimierte E 375 vorgestellt.

Das Know-how wurde entscheidend verbessert durch die Gründung eines Instituts für Landmaschinen mit einer technischen Versuchsstation an der Technischen Hochschule in Dresden. Maßgeblich war dafür Prof. Rosegger verantwortlich, der mit dem Versuchsgut Räcknitz bereits auf wissenschaftliche Kenntnisse in diesem Bereich zurückgreifen konnte. Mit diesen jungen Ingenieuren wurden entscheidende Schritte nach vorn gemacht.

Einen sehr viel höheren Stellenwert als im Westen genossen die Lkw auf den Feldern der DDR. Sie fuhren neben dem Einsatzfahrzeug und nahmen das Erntegut auf. Das hatte den Sinn, dass keine Hänger nötig waren und vor allem, dass die Maschine im Einsatz bleiben konnte, während der Lkw seine Ladung abfuhr. Bei der Größe der Felder kam es oft auf Minuten an, die dem Fahrzeug als Einsatzzeit übrig blieben.

Für die Landmaschinenindustrie der DDR war der Export in die sozialistischen Bruderländer ein wichtiger Faktor. Dank der höchsten Qualität ihrer Produkte innerhalb des RGW bestand eine große Nachfrage. Leider ist dieser Markt im Zuge der Wende völlig untergegangen.

Die Auswirkungen der Wiedervereinigung auf die Landmaschinenindustrie waren katastrophal! In Leipzig sank die Mitarbeiterzahl von 3.500 auf 100, um schließlich 1998 an Amazone verkauft zu werden. Doch damit hatten die BBGler noch Glück, denn nun ging es langsam wieder aufwärts. Den Weimarern ging es nicht so gut. 1990 wurde

ANBAU- SPRÜH- UND STÄUBEGERÄT S 293/4
zum Geräteträger RS 09-II

Für den DDR-Geräteträger RS 09 baute der VEB Bodenbearbeitungsgeräte Leipzig, den wir als Sack-Nachfolger schon kennen gelernt haben, dieses Sprühgerät.

der Betrieb aufgeteilt, 1996 kam die Pleite. In Neustadt, einst die große Zentrale des DDR-Landmaschinenbaus, versuchten sich seit der Wiedervereinigung die verschiedensten Unternehmensberater und Interessenten. Claas stand zuerst auf der Matte, doch man erkannte die vielen Gefahren und zog sich zurück. 1994 kaufte die schwäbische Bidell-Gruppe das Unternehmen auf. Doch die mussten schon 1997 alles an Case weiterverkaufen. Heute ist auch dieser Besitzer schon wieder Geschichte. 2004 wurde die Produktion eingestellt.

Aus dem VEB Weimar-Werk stammt dieser Kartoffelernter Fortschritt E 689.

Geräte und Maschinen

Pflüge

Die Aufgabe des Pflugs ist es, den Boden zu lockern, zu wenden und zu durchmischen. Gleichzeitig soll die Oberfläche aufgeraut werden, sodass sie den Einwirkungen der Atmosphäre wirksamer ausgesetzt ist. Eine weitere Aufgabe beim Pflügen ist das Vernichten von Unkraut, das sich auf dem Feld festgesetzt hat. Es gibt aber auch Arbeitsvarianten, bei denen der Pflug Düngungsaufgaben übernimmt oder sogar bei der Aussaat beteiligt ist.

Die Anzahl der verschiedenen Formen von Pflügen ist zum einen von der Vielzahl der

Bezeichnung der Pflugkörperteile.

verschiedenen Böden abhängig. So wird ein lockerer Sandboden anders bearbeitet werden können als ein schwerer, fester Tonboden, ein kalkhaltiger oder ein Lehmboden. Kein Pflug kann auf verschiedenen Bodenformen gleich gut arbeiten. Hinzu kommt noch, dass die verschiedenen Anbauprodukte eine unterschiedliche Tiefe der Furchen

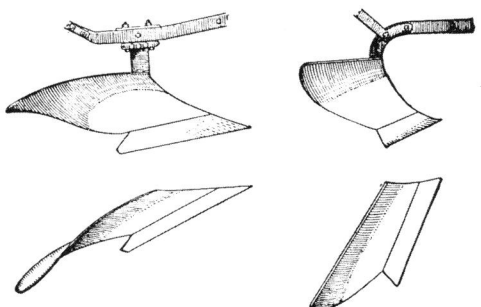

Diese Abbildung zeigt die verschiedenen Pflugformen für schweren und leichten Boden.

nötig machen. Bevor man sich diese Unterschiede vor Augen führen kann, ist es sinnvoll, sich noch einmal kurz den Aufbau eines Pflugs zu vergegenwärtigen. Er besteht aus drei Hauptteilen: dem Pflugkörper, dem Grindel, oft auch als Pflugbaum bezeichnet, und der Anspann- und Zugvorrichtung. Bei einem gut arbeitenden Pflug müssen die verschiedenen einwirkenden Kräfte (Zugkraft, Widerstand des Bodens, Reibungskräfte an Streichblech und Schar, Gewicht, Stützdrücke der Räder und Schleifflächen) gut ausbalanciert sein. Es kam folglich bei der Entwicklung von Pflügen darauf an, die richtige Abstimmung zu finden.

Bestandteile des Pflugkörpers

Der Pflugkörper hat zwei Funktionsbestandteile. Die Schar durchschneidet den Erdbalken horizontal. Sie trägt die Hauptlast der Arbeit und unterliegt dem größten Verschleiß. Je schärfer die Schar, desto besser kann sie den Boden teilen. Ursprünglich bestand auch die Schar aus Holz, doch schon im Altertum stieg man auf Eisen um. Mit den neuzeitlichen Stahlpflügen kam es in puncto Verschleiß und Kraft zu einer entscheidenden Verbesserung. Eine praktische Optimierung war die Einführung der Schnellwechselschare, die mit wenigen Handgriffen den Austausch einer abgenutzten Schar ermöglichten.

Die Schar ist am Streichbrett, auch Rüster oder Riester genannt, befestigt. Mit der Einführung der Stahlpflüge wurde dieser Bestandteil als Streichblech bezeichnet. Es nimmt den von der Schar geschnittenen Erdbalken auf, wendet ihn und wirft ihn auf das Feld zurück.

Für das Streichbrett wurden im Laufe der Geschichte die verschiedensten Materialien verwendet. Zunächst benötigte man harte Holzsorten, die später mit Eisen beschlagen wurden. Mit der Industrialisierung ging man auf Gusseisen, Schmiedeeisen und dann Stahl über. Beim Hartguss konnte die Schar nicht geschärft werden, sondern sie schärfte sich selbst. In den Vereinigten Staaten verwendeten die ersten Hersteller besonders harte Stahllegierungen, etwa Mangan-Silicium-Kohlenstoff-Stahl, um die Streichbleche besonders hart, aber dennoch möglichst wenig spröde zu machen. Für die Serienfertigung waren zunächst die gusseisernen Streichbleche praktikabel, denn mit dieser technischen Lösung war es leicht möglich, eine bewährte Form serienmäßig zu erzeugen. Stahl zeichnet sich bei geringer Abnutzbarkeit durch das nicht unerheblich niedrigere Gewicht aus. Deshalb setzte sich diese Technik allgemein durch. Streichbleche aus Panzerstahl reinigten sich selbst, denn sie wiesen den klebenden Boden ab.

Das Sech soll das vertikale Lostrennen des Erdbalkens bewirken und so einer vorzeitigen Abnutzung von Streichblechkante und Pflugbrust entgegenwirken. Man nennt es auch Kolter. Es ist etwa drei Zentimeter vor der Scharspitze und etwa ebenso weit darüber angeordnet. Besonders zum Durchschneiden von Wurzelwerk und als Führung für eine sauberere Furche ist das Bauteil hilfreich. Zuerst wurde es als festes Messersech gebaut, das im Winkel von rund 115 Grad in den Boden stach. Eine verbesserte Ausführung war das schwenkbare Scheibensech. Es zeichnete sich besonders dadurch aus, dass Verstopfungen seltener wurden und dass es somit auch beim Unterpflügen langstrohiger Stalldüngung und größerer Gründüngermassen besser einsetzbar war.

Beim Tiefpflügen und Umpflügen von Grünland- oder Feldfutterflächen hat sich der Vorschäler als hilfreich erwiesen, ein kleinerer Vorpflug mit ähnlichem Aufbau. Er wird auf einen Winkel von 140 Grad zwischen der Schneide und der Oberfläche des Bodens justiert. Sehr ähnlich ist der Dünger-

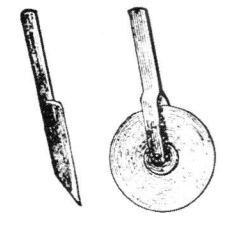

Messersech Scheibensech

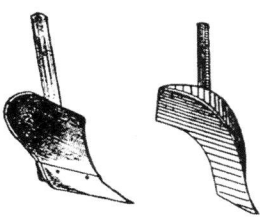

Vorschäler Dungeinleger

Diese Bestandteile des Pfluges befinden sich je nach Einsatzform vor dem Pflugkörper und bereiten den Boden vor.

einleger, den man allerdings auf einen Winkel von 125 Grad einstellt. Für das Unterbringen von Stallmist in den Boden wurde dieser Anbau konzipiert. Für besonders harte Böden setzte man seit den sechziger Jahren die Meiselschar ein.

Grindel oder Pflugbaum
Das Gestell, an dem die Arbeitsbauteile angebracht sind und das die Verbindung zum ziehenden Medium (Gespann oder Traktor) herstellt, nennt man Grindel. Das verbindende Bauteil heißt Griessäule. Diese ist nötig, um zu vermeiden, dass es zwischen Schar, Streichbrett und Grindel zu Verstopfungen kommt. Früher verwendete man Holz, am besten Eschen, Birken oder Eichen, die sich durch besondere Festigkeit und Elastizität auszeichneten. Mit der ersten industriellen Revolution wurden diese Bauteile auch aus Eisen hergestellt. Man fand diese Art vor allem bei den englischen und norddeutschen Pflügen, während in den übrigen Ländern oftmals am Baustoff Holz festgehalten wurde.

Bei Gespannpflügen, die von Tieren gezogen wurden und von einem hinter dem Pflug

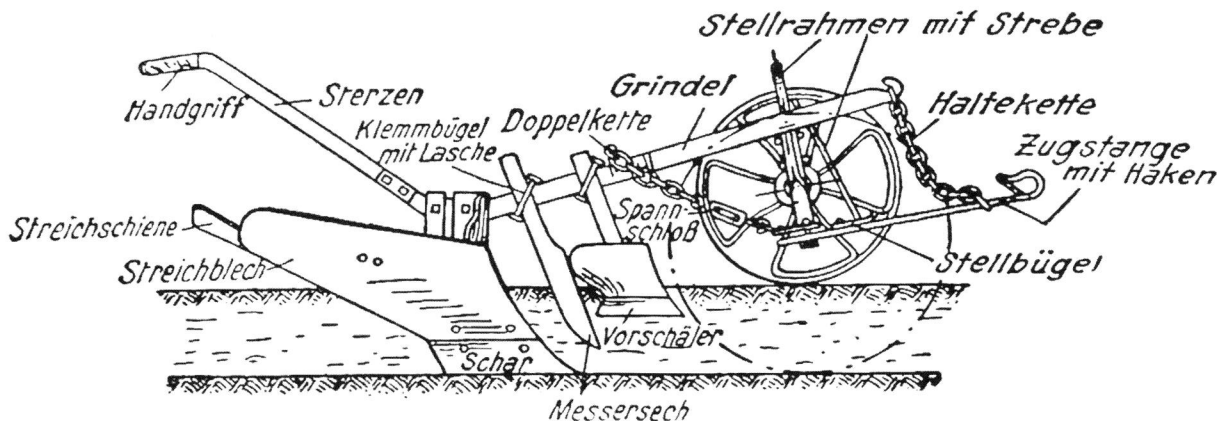

Handgriff — *Sterzen* — *Stellrahmen mit Strebe* — *Grindel* — *Klemmbügel mit Lasche* — *Doppelkette* — *Haltekette* — *Zugstange mit Häken* — *Streichschiene* — *Streichblech* — *Spann-schloß* — *Stellbügel* — *Vorschäler* — *Schar* — *Messersech*

Bauteile eines einscharigen Karrenpflugs.

gehenden Bauern geführt wurden, waren sogenannte Sterze am Grindel befestigt, meistens sind das zwei untereinander verstrebte. Modelle wie der bekannte Hohenheimer Pflug hatten nur einen Sterz. Auch für Kriegsversehrte hatte die Landmaschinenindustrie nach dem Ersten Weltkrieg entsprechende Bauformen entwickelt.

Anspann- und Zugvorrichtung

Von entscheidender Bedeutung ist natürlich auch die Technik, die man benötigt, um den Pflug an eine Zugkraft anzuhängen. Es geht dabei nicht einfach nur darum, dass sich der Pflug in die gewünschte Richtung bewegt, sondern die Schar muss auf die passende Eintauchtiefe eingestellt sein und der Schwerpunkt so ausgerichtet, dass alle einwirkenden Kräfte für ein optimales Arbeitsergebnis sorgen.

Der wichtigste Teil ist deshalb der Regulator. Mit ihm kann man die Breite und Tiefe der Furchen festlegen. Auch hier gibt es die verschiedensten Formen. Bei allen aber war Folgendes gleich: Wird der Regulator gesenkt, dann geht der Pflug flacher, da sich die Scharspitze aus dem Boden hebt. Hebt man hingegen den Regulator an, dann dringt die Scharspitze tiefer ins Erdreich ein und gräbt eine tiefere Furche. Durch Seitwärts-

Verstellen des Anspannungshakens mit Hilfe des Regulators kann man die Furchen breiter oder schmaler werden lassen.

Heute werden diese Einstellungen hydraulisch vorgenommen. Dafür wurden Mitte des 20. Jahrhunderts Kraftheber entwickelt. Sehr wichtig im Zusammenhang mit dem Einsatz von Pflügen, die von Traktoren gezogen wurden, war die Einführung der Dreipunktaufhängung, die auf Harry Ferguson zurückging. Bei diesem System ist der Pflug an drei verschiedenen Punkten mit dem Traktor verbunden. Die beiden unteren Befestigungspunkte nehmen die Hubarme auf, mit denen der Pflug hydraulisch angehoben werden kann. Am dritten Befestigungspunkt, zentral über den beiden ersten fixiert, wird der Führungsarm mittels einer längenverstellbaren Spindel befestigt. Er dient der Hubwerksregelung.

Mit diesem Mechanismus hatte Ferguson erreicht, dass die beiden Geräte eine echte Einheit bildeten. Er konnte nun die Eintauchtiefe des Pflugs vom Fahrzeug aus regeln und verstellen. Ein weiterer positiver Nebeneffekt war, dass die Einzugskräfte beim Pflügen auf die Hinterradachse, die zugleich Antriebsachse war, übertragen wurden und sich auf diese Weise die Zugkraft erhöhte. Auf dieser Grundlage setzte sich die Entwicklung fort und führte schließlich zu Systemen der elektronischen Hubwerksregelung, die seit den 1970er-Jahren Einzug bei den Traktorbauern hielt. Durch genaue Messung und Regulation der Zugkraft konnte ein übermäßiger Schlupf der Räder vermieden werden, ebenso das gefürchtete Festfahren auf nassem und aufgeweichtem Untergrund. Nebeneffekt: Der Kraftstoffverbrauch sank und die Reifen verschlissen deutlich weniger.

Bauformen der Pflüge: Beetpflüge

Man teilt die Pflüge in zwei Gruppen ein, die sich in ihren Arbeitsverfahren unterscheiden. Die bei Weitem ältere Variante ist die Gruppe der Beetpflüge. Diese Pflüge wenden immer nach einer Richtung, meist nach rechts. Zur Bearbeitung eines Feldes teilt der Landwirt den Grund in mehrere kleine Bereiche ein, die sogenannten Beete. Aus dieser Namensgebung leitet sich die Bezeichnung dieser Pflugformen ab.

Wenn wir von den frühen Formen wie dem Hakenpflug absehen, haben wir die einfachste Form des Pfluges im Schwingpflug vor uns. Er enthält die vorhin besprochenen Grundbestandteile Pflugkörper und Grindel und ist vorne direkt mit dem ziehenden Gespann verbunden. Die Schar wird nur durch die Art der Anhängung in den Boden abgesenkt. Die verschiedenen Formen solcher Schwingpflüge könnten Bände füllen. Neben den Varianten, die für verschiedene Bodensorten entwickelt wurden, gab es natürlich auch sehr starke regionale Traditionen, die konstruktive Eigenheiten bewahrten.

Eine Weiterentwicklung in Richtung Karrenpflug war der Stelzpflug. Man erkennt ihn an dem einzelnen Führrad oder der Gleitkufe, die am Vorderteil des Grindels angebracht waren. Mit diesem Utensil war die Führbarkeit des Pflugs verbessert worden.

Diese Entwicklung hat der Karrenpflug fortgesetzt, bei dem der vordere Teil des Pflugs aus einem einachsigen Gestell bestand, das als Führungselement diente. Der ganze Aufbau erinnert an den einer Kanone. Grindel und Pflugkörper waren durch Ketten mit diesem Karren verbunden und wurden durch einen Stellbügel auf den passenden Tiefgang der Schar eingestellt. Dieser Pflug löste in der zweiten Hälfte des 19. Jahrhunderts

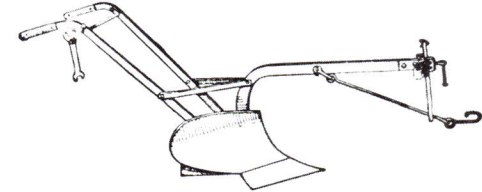

Diese Skizze beschreibt einen einfachen Beetpflug.

vielerorts den herkömmlichen Schwingpflug ab, sah sich aber mit dem Aufkommen der Rahmenpflüge selbst in die Defensive gedrängt.

Die Rahmenpflüge hatten, wie ihr Name schon sagt, einen Fahrrahmen mit vorne zwei Rädern und hinten meist einem Rad, das auch kleiner sein konnte. An diesem Fahrgestell hing nun der Pflugkörper, den man sehr leicht austauschen konnte. Das war besonders vorteilhaft, wenn man ver-

Eine atmosphärische Feldszene zeigt einen 10-PS-Traktor mit altem Pflug beim Schaupflügen auf einem Traktortreffen.

schiedene Bodenarten zu bearbeiten hatte. Außerdem war er relativ leicht zu bedienen.

Für die verschiedenen Bodenarten wurden diese Bauformen entsprechend abgewandelt. Der berühmte englische Pflug war ein typisches Werkzeug für sehr feste und schwere Tonböden. Bei ihm musste das Streichbrett die Aufgabe erfüllen, dem Erdbalken durch das lange Streichbrett oder Streichblech, das den Boden nach rechts außen abwies, eine Drehung zu geben. Wie eine Schraube beförderte der Pflug das Erdreich nach hinten und drehte es.

Man unterscheidet die nach ihrer Arbeitsweise sogenannten Schraubenpflüge in Flachwender und Steilwender, von denen erstere mit sehr lang gezogenem Streichbrett den Erdbalken glatt umlegen, während die Steilwender mit kürzeren Streichbrettern den Boden krümeln. Als Faustregel gilt: Je schwerer der Boden, desto steiler wird der Steigungswinkel der Schraube gewählt, desto länger wird somit auch das Streichblech. Je weniger steil der Winkel genommen wird, desto größer ist die seitliche Pressung des Streichbretts gegen den in der Wendung begriffenen Erdbalken, desto mehr wird dieser in sich gekrümelt. Zu den Flachwendern gehören vor allem die englischen Pflüge, zu den Steilwendern zählen wir den bekannten Hohenheimer Pflug und den französischen Dombasle-Pflug. Den Zugmayerschen und den ungarischen Vidatspflug haben die Österreicher sehr häufig genutzt.

Für Böden mit lockerem Sand musste das Streichbrett eine schräg zur Fortbewegungsrichtung gestellte, allmählich aufsteigende Fläche besitzen, deren Steigungswinkel bei der Schar gering war. Bei dieser Anordnung wurde die sandige Erde von dem Streichbrett aufgenommen. Da der Steigungswinkel zunahm, wurde die Erde, sobald der Steigungswinkel steiler als der Böschungswinkel wurde, schräg nach vorn übergeworfen. Pflüge dieser Bauart kamen ursprünglich aus Böhmen und wurden als Ruchadlo-Pflüge bezeichnet.

In Deutschland stellten die großen Landmaschinenproduzenten wie Rudolph Sack in Plagwitz (Leipzig) oder Eckert in Berlin in ihrer großen Zeit vor der Jahrhundertwende vorwiegend Pflüge her, die eine Mischung aus Steilwender und Ruchadlo-Pflug darstellten.

Ebenfalls in dieser ursprünglich böhmischen Bauart fand der Wanzlebener Pflug Anwendung. Dieses Gerät ermöglichte ein Tiefpflügen in bis zu 30,5 Zentimetern Tiefe. Zum Vergleich: Ein mit zwei Pferden oder Ochsen bespannter Pflug arbeitete nur in einer Tiefe von 10 bis 25 Zentimetern. Für einen größeren Tiefgang musste man schon

Bestandteile eines Karren-Beetpflugs mit Zweiketten-selbstführung.

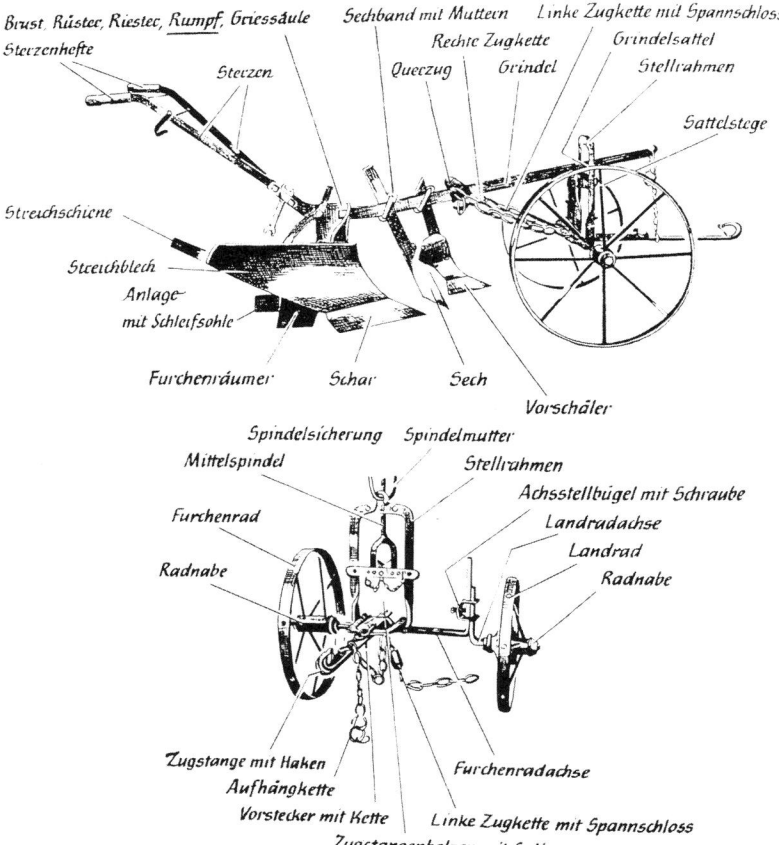

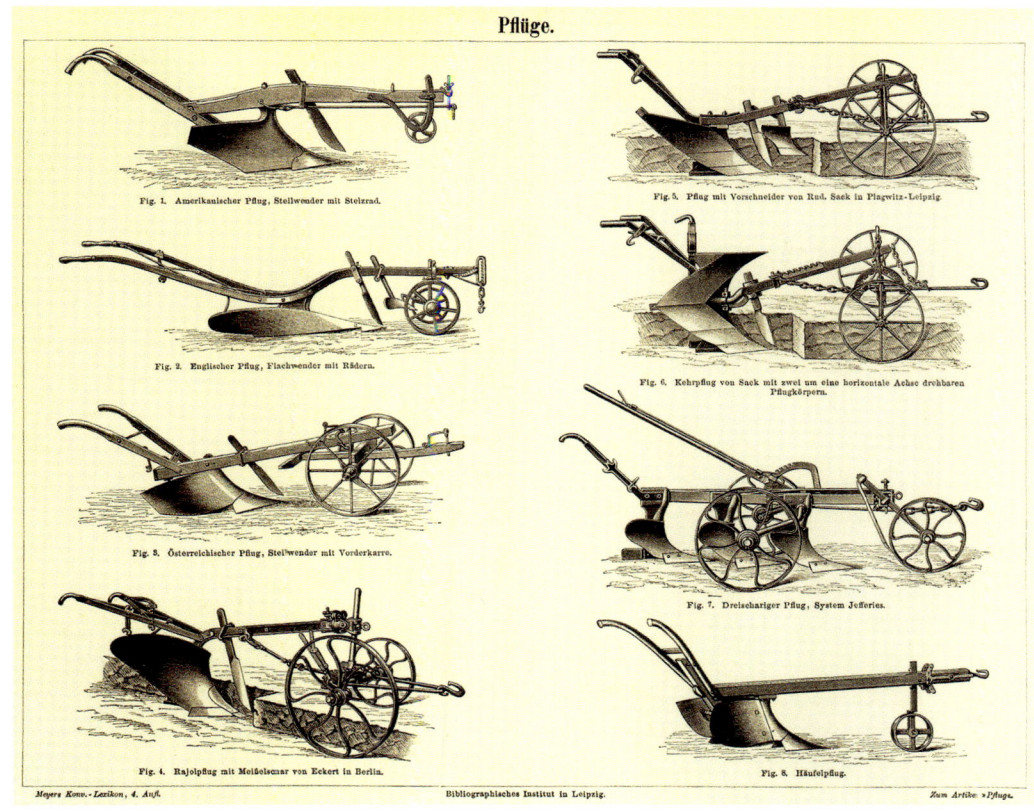

Pflüge.

Fig. 1. Amerikanischer Pflug, Steilwender mit Stelzrad.

Fig. 2. Englischer Pflug, Flachwender mit Rädern.

Fig. 3. Österreichischer Pflug, Steilwender mit Vorderkarre.

Fig. 4. Rajolpflug mit Meißelschar von Eckert in Berlin.

Fig. 5. Pflug mit Vorschneider von Rud. Sack in Plagwitz-Leipzig.

Fig. 6. Kehrpflug von Sack mit zwei um eine horizontale Achse drehbaren Pflugkörpern.

Fig. 7. Dreischariger Pflug, System Jefferies.

Fig. 8. Häufelpflug.

Meyers Konv.-Lexikon, 4. Aufl.   Bibliographisches Institut in Leipzig.   Zum Artikel »Pflug«.

Verschiedene Arten von Gespannpflügen. Die unterschiedlichen Bodenarten brachten regional unterschiedliche Pflugformen hervor.

vier Zugtiere einspannen. Mit vier kräftigen Ochsen konnte unter bestimmten Bedingungen eine Furchentiefe bis höchstens 36 Zentimeter erreicht werden.

Besonders wenn man Zuckerrüben anbaute, war man auf eine größere Tiefe angewiesen. Die Wanzlebener Pflüge erreichten diese Werte. Doch noch besser waren die Rajol- oder Tiefgangpflüge, die den Boden bis zu 40 Zentimeter tief umpflügten.

Bauformen der Pflüge: Kehrpflüge

Ein besonderes Problem war schon seit Jahrhunderten das Ausheben am Ende des Feldes. Zudem: Da das Streichbrett die ausgehobene Erde immer in die gleiche Richtung auswirft, wurde, wenn man anschließend an die eine Furche die nächste zog, die Erde in die andere Richtung geworfen und bildete mit der vorher gezogenen Linie einen

Damm. Bei der Verwendung von Erntemaschinen war das nicht praktikabel. So war man darauf gekommen, mit zwei verschiedenen Pflugkörpern zu arbeiten: einem, der nach rechts wendete und einem zusätzlichen, der nach links wendete. Wechselte man nun beim Rückweg die beiden Pflugkörper, dann wurde der Erdbalken immer in die gleiche Richtung ausgeworfen. Auf diese Weise war ein einheitliches Arbeitsergebnis erreicht.

Auch bei den Kehrpflügen gab es wieder unterschiedliche Bauformen, die im Folgenden kurz vorgestellt sein sollen. Die einfachste Form war der Unterdrehpflug, der an seinem Streichblech zwei verschieden ausgerichtete Schare aufwies. Über eine Welle konnte der Pflugkörper nach dem ersten Gang um 180 Grad gedreht werden, und dann ging es in die andere Richtung mit der

Dieser Winkeldrehpflug der Firma Ventzki ist eine Sonderform, die sich nicht durchgesetzt hat.

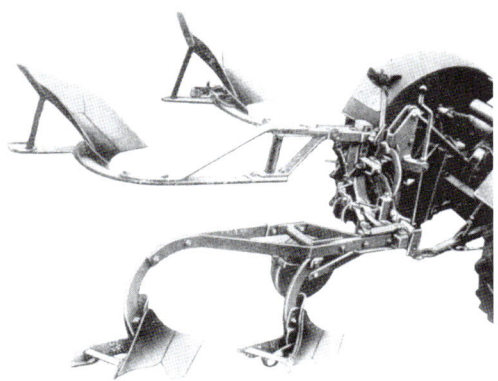

anderen Schar weiter. Die Technik war simpel und praktikabel. Allerdings war durch die doppelte Formung der Durchgang derart limitiert, dass man nur geringe Tiefen pflügen konnte.

Aufwendiger, aber im Endergebnis ein vollwertiger Pflug, war der Brabanterpflug konstruiert. Hier waren zwei Pflugkörper an dem Grindel befestigt, die ebenfalls jeweils spiegelverkehrt ausgeformt waren. Auch Sech, Meiselschar etc. waren noch einmal angebaut. Bei diesen Modellen wurde der komplette Grindel gedreht und man konnte auch in größeren Tiefen in die andere Richtung arbeiten. Ein Nachteil dieser heute als Drehpflug, Wechsel- oder Wendepflug allgemein bekannten Bauweise waren das höhere Gewicht und die höheren Kosten, denn man kaufte sich ja eigentlich fast schon zwei Pflüge. Da sich die Arbeitszeit für den

Ein Hanomag Perfekt im Einsatz mit Zweischar-Kehrpflug.

Pflugkörper halbierte, reduzierte sich allerdings auch der Verschleiß dementsprechend. Die Drehpflüge waren besonders für diejenigen vorteilhaft, die Flächen in Hanglage zu bewirtschaften hatten. Diese Bauart war dank ihres niedrigen Schwerpunkts hervorragend geeignet, sehr steiles Gelände umzupflügen.

Eine sinnreiche Idee war der Kipp-Pflug. Er war gebaut wie eine Wippe und hatte an jeder der beiden hochgebogenen Enden des Grindels, links und rechts der mittig angeordneten Radachse einen Pflugkörper. Je nachdem, auf welcher Seite man den Pflug belastete, senkte sich dieser Teil in den Boden. Am Feldrain konnte man den Pflug umspannen und ohne wenden zu müssen, einfach durch Belastung des anderen Endes, die Feldbestellung fortsetzen.

Die mehrscharigen Pflüge

Angesichts des technischen Entwicklungsstandes und wegen der Zielsetzung, möglichst viel Arbeiten in möglichst kurzer Zeit zu erledigen, sann man auf Mittel und Wege, auch das Pflügen effektiver zu machen. Die Idee des mehrscharigen Pflugs war geboren. Es begann mit zwei Scharen, die seitlich versetzt hintereinander am Grindel angebracht waren. Mit einem Gang konnten nun zwei Furchen gezogen werden. Die Arbeitsersparnis war enorm. Das Problem der Zugkraft konnte ohnehin schon durch die Einführung besserer Werkstoffe in den Pflugbau entschärft werden. Durch die Verwendung hoher Räder, die beim Einsatz in der bereits früher gezogenen Furche oder auf dem ungepflügten Land liefen und den Vertikaldruck des Pflugs aufnahmen, konnte sehr viel Zugkraft eingespart werden. Durch optimierte Stellvorrichtungen für den Tiefgang und das Fahrgestell, durch die der Pflug bei der Arbeit nicht aus der Richtungsfurche rutschen konnte, konnte auch die Zahl der erforderlichen Arbeiter zur Bedienung des Gerätes erheblich vermindert werden.

Folgende Eckdaten galten für den Einsatz der mehrscharigen Pflüge im Gespannbetrieb: Doppelpflüge zog man für alle Arbeiten auf nicht zu schwerem Boden ein, wobei der gewünschte Tiefgang die 22 Zentimeter nicht überschreiten durfte. Als Zugtiere mussten mindestens drei Pferde angespannt werden, jedoch reichte beim einfachen Stoppelstürzen ein Pferdepaar aus. Man sieht: Die Zeitersparnis betrug mehr als das Doppelte, denn es fielen ja auch nur einmalige Rüstzeiten an. Auf „Personal" berechnet, konnte man sich eine Arbeitskraft und ein Tierpaar einsparen.

Dreischarige Pflüge setzte man für das Stoppelstürzen und zur Unterbringung der Saat auf leichtem Boden, bei einer Furchentiefe bis 17 Zentimeter Tiefe, ein. Beim Dreifurchenpflug reichten ein Arbeiter und für die Unterbringung der Saat zwei, für gewöhnliche Pflugarbeiten drei bis vier Pferde. Das bedeutete eine Ersparnis von zwei Pflügern, ebenso vielen Pflügen und sechs bis acht Zugpferden. Mit Ochsen bespannt, ersetzte der dreischarige Pflug mit acht Tieren und zwei Menschen drei gewöhnliche Pflüge mit zwölf Ochsen und sechs Arbeitern. Die großen Vierfurchenpflüge konnten für dieselben Arbeiten herangezogen werden. Man verwendete sie außerdem zum Abschälen von Klee- und Grasnarben. Die mehrscharigen Pflüge zeichneten sich besonders auf leichtem Boden aus und wenn im Herbst und Frühjahr die verfügbare Arbeitszeit sehr knapp war.

Auch bei den mehrscharigen Pflügen gab es die genannten Bauarten, jedoch setzte sich der Drehpflug durch. Gespannpflüge werden übrigens auch heute noch in großer Stückzahl gefertigt und eingesetzt: besonders in der Dritten Welt und in Schwellenländern wie Indien und China.

Ein moderner Agrotron von Deutz-Fahr mit einem ausgehobenen achtscharigen Pflug am Haken.

Auch die Pflugindustrie hatte ein Normierungserlebnis. Als Resultat blieben fünf Formen von Pflugkörpern: steile, steilkurze, mittelsteile, liegende Pflugkörper und die Wendelform. Hinzu kam eine weitere Form, die speziell für die höheren Geschwindigkeiten beim Einsatz hinter Traktoren konzipiert war. Als Regel wurde festgelegt, dass die Arbeitsbreite des Pflugkörpers das 1,2-Fache der Arbeitstiefe betragen sollte.

Sonderformen im Pflugbau

Neben diesen Modellformen gab und gibt es spezielle Arten, die auf bestimmte Einsatzformen exakt ausgerichtet wurden. So wurden die selbstfahrenden Pflüge entwickelt, die von den Dampfseilpflügen über die Motorfräse Mechwartscher Prägung bis hin zu den Motorpflügen reichten. Mit der zunehmenden Leistungsstärke der Dieselschlepper wurde dieser Entwicklungsstrang jedoch aufgegeben. Eine Weiterentwicklung des herkömmlichen Pflugs war der Sitzpflug, der es dem Arbeitenden erlaubte, in bequemerer Position das Gerät zu bedienen. Auch für Kriegsversehrte wurde diese Alternative weiterverfolgt. Dank des höheren Gewichts, das mit dem zusätzlichen des Pflügers auf die Schar drückte, konnte eine verbesserte Leistung beobachtet werden.

Um der Gefahr des Verstopfens zu entgehen, die bei langer, verunkrauteter Stoppel

Für die Kraftpakete der Schlepperindustrie gibt es sogar einen zwölfscharigen Großpflug, das Maximum in Europa liegt gar bei zwanzig Scharen. Das Anforderungsprofil ist in den letzten fünfzig Jahren sehr stark angestiegen. Angestachelt durch Wettbewerbe im Leistungspflügen wurden die genaue Pflugkante, die gerade saubere Furche, die gewünschte Arbeitstiefe und vor allem die Arbeitszeit Parameter, die es stetig zu verbessern galt. Die Pflugarbeit ist eine Einmannbeschäftigung, die heute ohne besonderen Kraftaufwand erfolgt. Welch ein Unterschied zum mühseligen Ackern, vielerorts noch vor vierzig Jahren! Das Ausheben erfolgt vom Traktorsitz aus und wird mit elektronischer und hydraulischer Unterstützung zum Kinderspiel. Die Steuerung erfolgt über Satellit, der Fahrweg wird im Computer protokolliert und kann immer wieder abgerufen werden.

So ausgehoben und zusammengeklappt transportiert der Deutz-Fahr der DX-Reihe seinen Anbaupflug nach Hause.

oft drohte, war man auf den Gedanken gekommen, einen speziellen Schälpflug zu konstruieren. Einen Scheibenschälpflug setzte man vor allem dort ein, wo viele Wurzeln das Furchenziehen mit einem herkömmlichen Pflug zur Qual machten. Allerdings funktionierte diese Methode nur bei krümelndem Boden. Besonders im außereuropäischen Ausland waren Scheibenschälpflüge immer sehr beliebt.

Der Pflug am Traktor
Moderne Pflüge werden von Traktoren gezogen. Abhängig von der Motorleistung konnten die ersten Traktoren ein- bis vierscharige Pflüge ziehen. Inzwischen sind vier- bis sechsscharige Pflüge die Regel. Es gibt jedoch auch noch größere.

Dieser Kipppflug wurde von Lokomobilen übers Feld gezogen. Beim Rückweg wechselte der Lenker die Position und die andere Seite des Pfluges kam zum Einsatz.

Die frühen Schlepperpflüge: Anhängepflüge
Es gibt drei Arten von Schlepperpflügen. Zum einen den Anhängepflug. Er war der logische Übergang bei der Umstellung von Gespann- auf Traktorzugkraft. Er wurde einfach am Heck des Schleppers befestigt und gezogen. Anfangs hatte man für den motorisierten Einsatz die alten Pflüge verwendet, die man an einfachen Haken anhängte. Mit der Spezialisierung der Pflugmodelle auf den reinen Schlepperbetrieb wurden kleinere Änderungen serienmäßig vorgenommen. So wurde hinten oft ein Stützrad angebracht. Damit wurde die Schleifsohle, die am unteren Rand des Streichbleches auf dem Boden schleifte, bei sehr großen Pflügen entlastet. Für den manuellen Aushebevorgang waren spezielle Apparaturen angebaut. Später wurden auch hier hydraulische Systeme eingesetzt. Doch letztlich konnten diese Anhängepflüge nicht ganz befriedigen.

Anbaupflüge wurden zum Standard

Der Anbaupflug war die logische Konsequenz aus dieser Problematik. Er wird mittels Dreipunkthydraulik fest am Schlepper angebaut und bildet mit der Zugmaschine eine feste Einheit. Das Ausheben, das zunächst noch per Hand geschehen musste, wurde schon sehr bald mit hydraulischer Hilfe vereinfacht. Seinen Siegeszug (zuerst war er wegen seiner geringeren Genauigkeit beim Pflügen etwas gehandicapt) verdankt er den vielen kleineren Bauern, die auf ihren eher geringflächigen Feldern einen kürzeren Pflug sehr schätzten. Da das Anbaugerät ja fest fixiert war, konnte der vordere Teil sehr stark verkürzt werden. Die ersten Konstruktionsmängel der Anbaupflüge waren bald beseitigt, und letztlich verdrängten sie die Anhängepflüge weitgehend aus dem Markt.

Bei der Schnelligkeit, mit der Zugmaschine und Pflug über die Felder fuhren, kam es bei unebenen Geländepartien zu unangenehmen Nickbewegungen, die das Arbeitsergebnis negativ beeinflussten und die Fahrsicherheit beeinträchtigten, zudem neigten sie bei nassem Boden auch zu Schlupf oder Festfahren. Um das alles zu verhindern, wurde 1978 von Massey Ferguson erstmals eine elektronische Hubwerksregelung eingeführt, die dafür sorgte, dass das Anbaugerät immer im richtigen Abstand zum Boden mitlief.

Für starke Schlepper: Aufsattelpflüge

Je größer die Pflüge wurden, also je mehr Scharen sie hatten, desto mehr stieg das Gewicht dieser Geräte. Deshalb wurde statt der kleinen Führungsräder ein richtiges Fahrwerk meist mit einem großen und breiten Rad, manchmal auch zweien, an den Grindel angebracht. Dieses Rad trägt einen Teil des Gewichts, das diese schweren vielscharigen Geräte haben. Doch auch das ist nicht der letzte Entwicklungsschritt. Mit dem neuen Hybrid-Drehpflug werden die Vorteile des angebauten mit denen des aufgesattelten Systems kombiniert. Neu an diesen Konstruktionen ist der regelbare Oberlenker, der je nach Einsatzbedingung Gewicht vom Stützrad auf die Traktorhinterachse verlagern kann, um die Zugkraft zu verbessern. Die Technik geht weiter in Richtung leichtere Einstellmöglichkeiten und bessere Pflugkörperformen. So wurden zum Beispiel Streifenkörper entwickelt, die für einen geringeren Zugkraftbedarf sorgten.

In den letzten Jahren kam mit der Mulchsaat eine Anbautechnik groß heraus, die auf den Pflug völlig verzichten will. Der Boden wird vor der Saat nur mit Grubber und Scheibenegge behandelt. Danach wird mit einer Mulchsaatmaschine die Saat in den Boden eingebracht. Auf diese Weise wird die Arbeitszeit deutlich reduziert, teilweise um bis zu 50 Prozent. Allerdings gibt es starke Stimmen, die feststellen, dass der Pflugverzicht auch ökologisch keine Patentlösung darstellt. Vielmehr macht von Fall zu Fall auch eine intensivere Bodenbearbeitung Sinn, denn die konventionelle Pflugarbeit macht „klar Schiff" und schützt dadurch zuverlässig vor Unkräutern oder gar Krankheiten. Die Entwicklung geht weiter und man

Die heutigen PS-starken Traktoren schaffen es auch, riesige Aufsattel-Pflüge mit bis zu 16 Scharen durch den Boden zu ziehen.

Für eine größere Arbeitsleistung konnten bei passenden Bodenverhältnissen zwei Kultureggen gekoppelt werden.

Diese dreiteilige Ringelwalze der Firma Speiser aus Göppingen wurde im Gespannbetrieb eingesetzt.

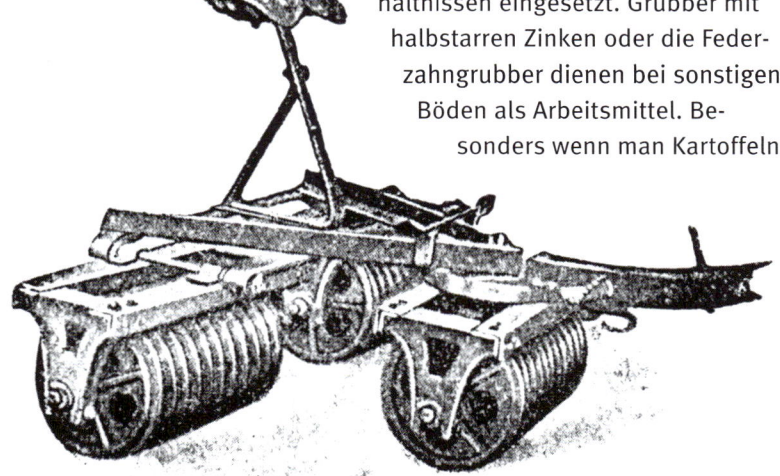

darf gespannt sein, wie die Landwirtschaft des kommenden Jahrzehnts sich verändern wird.

Grubber, Eggen und Walzen

Schleppen und Grubber

Auf dem umgepflügten Boden kann man nicht säen. Das Feld muss deshalb vorher bereitet werden. Früher kam hier der Rechen zum Einsatz, später wurden Schleppen über das Feld gezogen. Oftmals nahm man einfach eine Egge und hängte sie umgedreht an den Traktor. Mit den Grubbern (früher nannte man sie oft Kultivatoren) wird der Boden aufgelockert. Es gibt zwei Arten von Grubbern. Die einen sind mit starren Zinken versehen und werden bei harten Bodenverhältnissen eingesetzt. Grubber mit halbstarren Zinken oder die Federzahngrubber dienen bei sonstigen Böden als Arbeitsmittel. Besonders wenn man Kartoffeln

legen will, ist das Grubbern eine gute Vorbereitung. Die Zinken tauchen etwa 15 Zentimeter in den festen Boden ein. Für Pferde war dies eine unangenehme Arbeit. Heute soll der Kreiselgrubber vielfach das Pflügen ersetzen.

Die Egge, der stille Star

Neben dem Pflug war die Egge jahrhundertelang das wichtigste landwirtschaftliche Gerät. Sie zerkleinert die Erdschollen und wird zum Beseitigen von Unkraut wirkungsvoll eingesetzt. Bis ins 19. Jahrhundert waren die Zinken der Egge aus Holz gefertigt. Später setzte man den deutlich überlegenen Stahl ein. Die Anzahl dieser Zinken lag meist zwischen zwölf und 42. Sie schaffen einen relativ feinen Boden, der gut für die Aussaat vorbereitet ist.

Auch hier haben uns die Forschung und der Ideenreichtum der Firmen eine Vielzahl unterschiedlicher Bauformen beschert. Erwähnt seien hier nur ein paar. Die Netzeggen haben eine sehr lange Tradition und werden auch in der Gegenwart immer noch hochgehalten. Die Traktoren tragen heute sehr oft dreiteilige Netzeggen aufs Feld, bei denen die beiden Flügel für den Transport hochgeklappt werden können. Die Kreiselegge kommt aus dem Bereich der Obstkulturen, wurde aber sehr schnell auch beim Ackerbau heimisch. Sie wird von der Zapfwelle des Traktors angetrieben und dreht sich horizontal wie eine Langspielplatte. Dabei reinigt sie sich selbst. Sie hat eine besonders gute Krümelwirkung und schafft eine intensive Durchmischung des Erdreichs.

Heute sehr häufig verwendet wird die Scheibenegge. Sie besitzt gewölbte Scheiben, die schräg zur Fahrtrichtung rotierend den Boden aufmischen. Meist arbeiten zwei oder vier gegenläufige Scheibenbalken zusammen. Die Scheiben vorn sind gezackt, die hinteren glatt. Die Scheibenegge hat ähnliche Aufgaben wie der Grubber. Anders als bei den herkömmlichen Eggen, wo die Zinken starr stehen, rollen die Walzen mit. Sie ist sehr gut für schwere Böden geeignet, verlangt aber weitgehend unkrautfreies Gelände. Neben der klassischen Eggenarbeit verrichtet sie auch Arbeiten wie das Stoppelschneiden und das Unterbringen von Stallmist. Alle modern angetriebenen Eggen haben in der Regel eine montierte Walze als Abstützung, Tiefenführung sowie zur Rückverfestigung des Bodens. Kurzscheibeneggen können eher auf der Dreipunkthydraulik mitgeführt werden als klassische Scheibeneggen, die meist noch ein eigenes Fahrgestell besitzen.

Eggen werden heute gern in Kombination mit anderen Arbeitsgeräten verwendet. So koppelt man die Walzenkrümeleggen mit dem Pflug und macht den Boden saatfertig. Die Industrie baut längst ganze Gerätereihen, bei denen die einzelnen Anbaugeräte fein aufeinander abgestimmt sind.

Die Arten der Walzen

Walzen werden eingesetzt, um den umgepflügten Boden einzuebnen. Das ist besonders wichtig auch deswegen, weil die Erntemaschinen einen solchen Untergrund für ein reibungsloses Arbeiten benötigen. Es gibt drei grundlegende Arten. Die Untergrund-

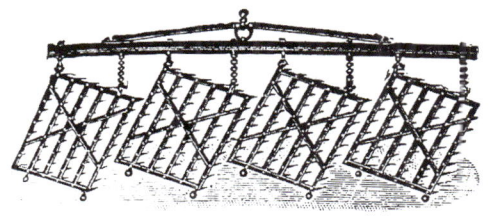

Diese Görg'sche Feinegge von Walter et Kuffer aus Schweinfurt hörte auf den schönen Namen „Spinne".

packer werden dann gebraucht, wenn unter den Schollen Hohlräume sind, die durch ein zu spät ausgeführtes Pflügen entstehen. Er verdichtet also den Untergrund.

Dann gibt es noch zwei wichtige Arten: Die Glattwalzen und die Rauwalzen. Die Rolle der Glattwalze aus Stahlblech wird gefüllt, um Gewicht zu gewinnen. Eine Bodenbehandlung mit der Egge ist nach dem Einsatz noch nötig. Bei abschüssigen Feldern konnte es vorkommen, dass die schweren Walzen den Traktor nach unten drückten und einen Unfall heraufbeschworen. Hier war besondere Vorsicht geboten. Heute haben sich die Rauwalzen ihren Platz in der Landwirtschaft erobert. Für die verschiedenen Bodenarten wurden die jeweils passenden Bauformen entwickelt.

Sä- und Drillmaschinen

Das Ausbringen der Saat auf das Feld war über Jahrtausende reine Handarbeit. Aus der Schürze oder aus einer Saatschale wurde

Moderne Rauwalze hinter einem Traktor.

Drillmaschine aus dem Hause Case bei der Arbeit.

das Saatgut auf die Felder ausgeworfen. Eine im Gespann laufende Drillmaschine sorgte für eine regelmäßige Ausbringung des Saatguts in parallelen Reihen. Das Saatgut fällt kontinuierlich auf den bereiteten Boden. Eine Variante ist die Dribbelmaschine, die kleine Pausen macht, um den Abstand zwischen den wachsenden Feldfrüchten wunschgemäß einzuteilen. Es kommt nicht mehr zur ungewollten Häufung von Saatkörnern auf einer Stelle, man spart sich viel Geld, weil die Saat effektiver ausgebracht werden kann, denn jede Pflanze braucht ihren Platz, aus dem sie die Nährstoffe entnehmen kann, und die Zwischenräume müssen durchlüftet sein, dann erhöht sich der Ernteertrag.

Das Einbringen des Saatgutes in den Boden kann mit verschiedenen Methoden geschehen, z. B. mit Gebläseluft oder

mechanisch mittels Scharen, Rollen und Zustreichern.

Sehr oft werden Säen und Düngen in einem einzigen Arbeitsschritt erledigt. Auch in Kombination mit einer Egge sieht man die Drillmaschine oft. Die Drillmaschinen wurden erst sehr spät an Traktoren gehängt. Man hatte Angst, die schweren Reifen würden den Boden zu stark verdichten. Doch das erwies sich als unbegründet.

Eine besonders aufwendige Art des Pflanzens fordert die Kartoffel. Wenn man sie mit Sammelrodern maschinell ernten will, dann ist es nötig, beim Legen für eine gleichmäßige Tiefenlage zu sorgen. Um dies ebenfalls mechanisch umsetzen zu können, wurde die Kartoffellegemaschine erfunden. Zuvor behalf man sich mit einer Pflanzensetzmaschine, die meist mit zwei bis vier Arbeitsplätzen ausgestattet war. Dabei musste man einen Schlepper mit Kriechgang haben, um die Abstände nicht zu groß werden zu lassen. Die Kartoffellegemaschine konnte auf diese Helfer verzichten und erledigte die drei Pflanzaufgaben Lochen, Einlegen, Zudecken in einem Arbeitsgang.

Jahrhundertelang war die Hacke eines der wichtigsten Werkzeuge in der Landwirtschaft. Um eine gute Ernte zu haben, reichte es nicht, einfach nur zu säen und dann abzuwarten, sondern man musste den Boden lockern, um für Durchlüftung zu sorgen, und das Unkraut bekämpfen. Noch gab es keine Chemie, die für Unkrautvertilgung sorgen konnte. Alles musste per Hand gemacht werden. Mit der Einführung der Hackmaschine gelang es, auch diese mühsame Beschäftigung abzulösen.

Auch für den Rübenanbau wurden Geräte entwickelt, die Pflanzen und Ernten spürbar erleichterten. So profitierte die Zuckerrübe von diesen Maschinen sehr, denn ohne sie wäre ein so intensiver Anbau nicht möglich gewesen.

Vielfachgerät mit zweireihiger Dribbelsä-Einrichtung.

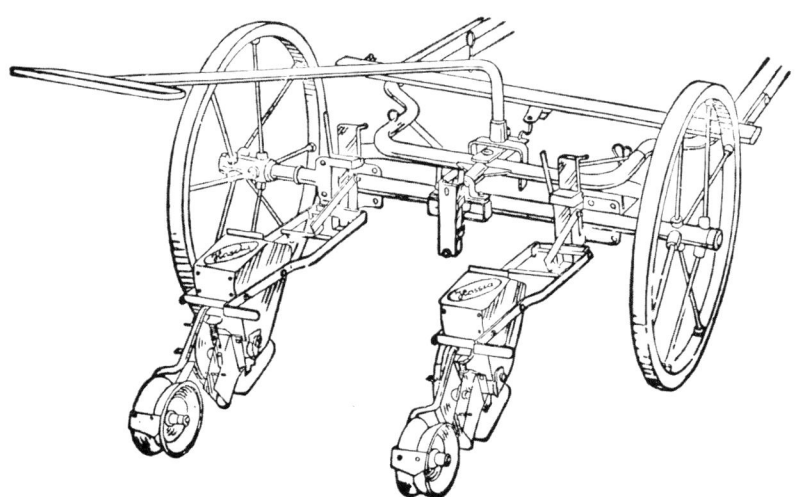

Grasmäher und Heumaschinen

Es begann mit der Sense. Jahrhundertelang mähte die Bauernschaft ihre Wiesen mit diesem Werkzeug. Die Nationalsozialisten verherrlichten die mühsame Arbeit: Wurden den Bauern im Mittelalter noch Hacken beigegeben, wenn man sie zeichnerisch abbildete, so wurde später immer stärker die Sense zum Kennzeichen des ländlichen Standes.

Die Erfindung der Mähmaschine

Der Durchbruch der Mähmaschinen lässt sich auf die Londoner Weltausstellung von 1851 datieren, wo die Maschinen der Amerikaner McCormick und Hussey mit ihrem Konzept die Öffentlichkeit begeistert haben. Der Landwirt saß auf einem Karren, der von zwei Zugtieren gezogen wurde. Auf der rechten Seite war ein Mähbalken angebracht, dessen bewegliche Finger über die Drehbewegung der Räder angetrieben wurden. Der Mähvorgang folgte dem Prinzip des Scherenschnitts, wie es Reverend Patrick Bell, der Erfinder der Erntemaschine, bereits 1827 erstmals vorgestellt hatte. Der Mähbalken konnte nicht nur waagrecht schneiden, sondern auch in einem Winkel größer oder kleiner als 90 Grad. Somit war es auch möglich, in flacheren Hanglagen damit zu arbeiten.

Fr. Dehne G.m.b.H.
Halberstadt.

Diese Drillmaschine Simplex-Supra der Halberstadter Firma Dehne stammt von 1938.

Um ein Verstopfen zu vermeiden, war eine intensive Wartung und Pflege des Messers dringend erforderlich. Ebenso war wichtig, dass das Feld von größeren Steinen befreit wurde, um ein Stumpfwerden oder Abbrechen der Messer zu verhindern. Bei Hindernissen konnte der Mähbalken hochgehoben werden. Man schnitt mit der Mähmaschine nicht nur Gras und Klee, sondern auch Getreide. Allerdings spezialisierten sich die Maschinen in Folge, und wir haben einen Traditionsast, der uns zu den heutigen Kreiselmähern führt, und einen anderen, der beim Mähdrescher endet.

Grasmäher und Mähbalken am Traktor

Der nächste Schritt war die Motorisierung der Mähmaschine. Das geschah zunächst mit Grasmähern, die etwa bei Fendt oder Fahr in den späten zwanziger Jahren des

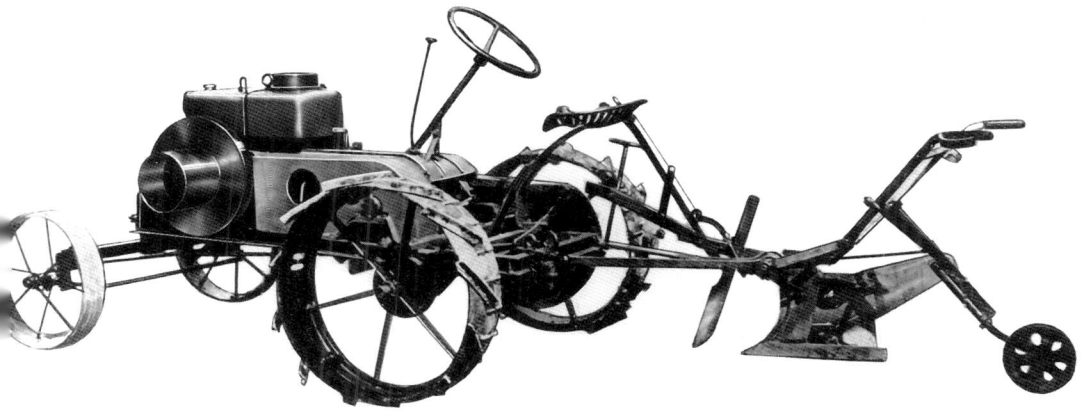

Das Fendt Dieselross mit 6 PS von 1930 war einer der ersten Grasmäher aus Marktoberdorf. Sehr bald wurden Traktoren für umfangreichere Verwendungszwecke gebaut.

Meyers Konversationslexikon zeigt uns verschiedene Formen von Mähmaschinen aus dem 19. Jahrhundert.

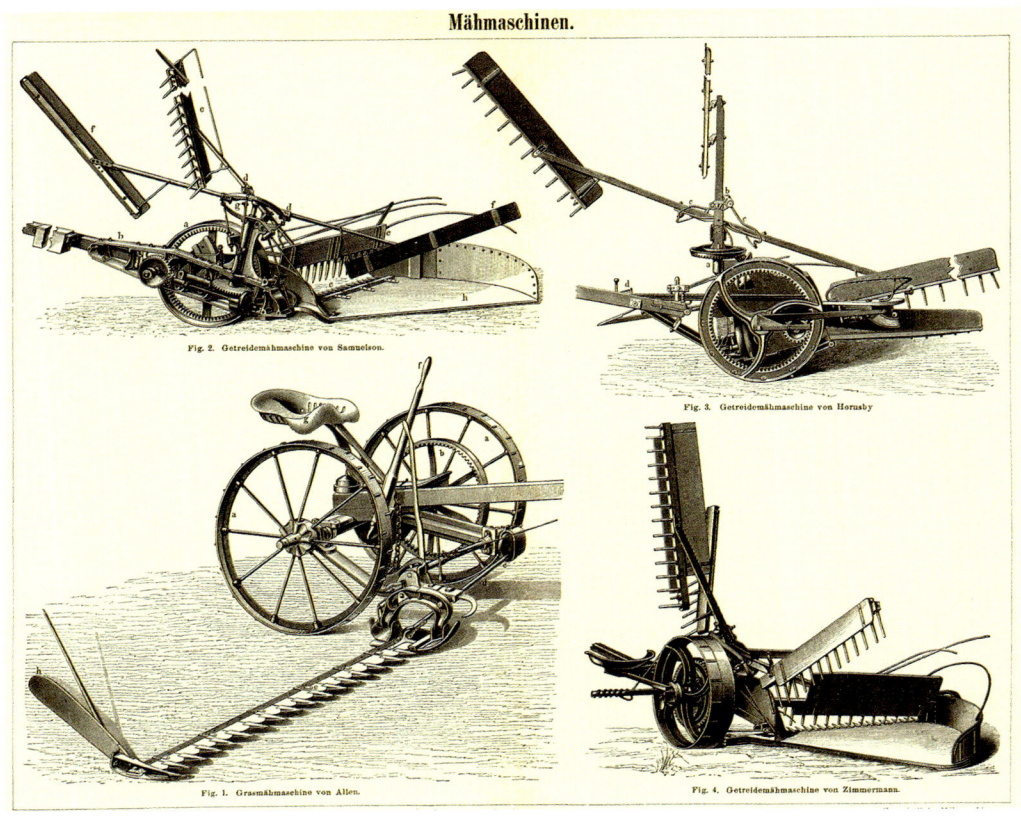

Mähmaschinen.

Fig. 2. Getreidemähmaschine von Samuelson.

Fig. 3. Getreidemähmaschine von Hornsby

Fig. 1. Grasmähmaschine von Allen.

Fig. 4. Getreidemähmaschine von Zimmermann.

20. Jahrhunderts vorgestellt wurden. Doch war es letztlich die Einführung des Mähbalkens am Traktor, die den Durchbruch schaffte. Zunächst wurde das Messer durch einen eigenen Mähantrieb in Bewegung gesetzt. Später versuchte man, Lösungen zu finden, die die Zapfwelle benutzten. Das sparte einen eigenen Antrieb und vor allem auch den Platz im Zwischenachsenbereich, der dann für andere Geräte frei wurde. Da das Heckmähwerk nicht besonders praktikabel war, denn man musste ständig nach hinten schauen, um es zu kontrollieren, und außerdem drückten die vorausfahrenden Räder das Gras nach unten, bot sich die neu eingeführte Frontzapfwelle als ideale Lösung an. Nun konnte man die Mähmaschine vor dem Schlepper arbeiten lassen. Den Messerbalken hat das von Fahr eingeführte System des Kreiselmähers abgelöst, das ohne große

Verstopfungsgefahr schneidet. Die drehende Schneidebewegung löste das Scherenverfahren ab. Dieses System ist verschleißärmer und kostengünstiger. Außerdem ist es bei unebenem Gelände flexibler.

Heumaschinen im Einsatz
Nach dem Mähen bleibt das Gras auf dem Feld liegen, um zu trocknen. Das erledigt die Sonne. Doch um ein gleichmäßiges Trocknen zu erreichen, muss das Heu mehrmals gewendet werden. Das ist nicht anders als beim Steak in der Pfanne. Diese Arbeit erledigten früher die Heugabeln, bis dann die Zetter oder Heuwender erfunden worden waren. Durch Zinken, die sich an einem drehenden Rad befinden, wird das Heu hochgeschleudert und gewendet. Diese Maschinen gab es bereits im Gespanndienst, wobei die Fahrräder die kreisenden Wenderäder in

Bewegung setzten, ähnlich wie schon bei der Mähmaschine. Später wurden die über die Zapfwelle am Traktor angetrieben. Heute werden Kreisel-Zetter mit meist vier bis zehn Kreiseln an den Traktor gehängt. Für die Anfahrt kann man das Gestänge zusammenklappen. Tasträder sorgen für Stabilität und optimale Bodenanpassung, die Zinkenarme sind aus hochwertigem Stahl.

Die Kreiselheuer wurden allerdings erst gegen Ende der 1950er-Jahre entwickelt. Sie vereinigten die Arbeitsschritte Zetten, Wenden und Schwaden. Vorher gab es andere Bauformen, die durchaus erfolgreich waren.

Solche Geräte sind der Gabelwender, der häufig ebenfalls zum Zetten verwendet wurde, und der Sternrechwender, der vier bis sechs Zinkenräder hatte. Diese Maschinen waren schon für die Verwendung mit Zugtieren gebaut worden. Letzterer hatte den Vorteil der einfachen Konstruktion, denn seine Sternräder standen vertikal zum Acker. So erfolgte der Drehantrieb durch Bodenberührung. Für ein sauberes Ergebnis war allerdings ein hohes Fahrtempo nötig. Einer der wichtigsten Hersteller von Sternrechwendern war die Firma Bautz. Seitenschwader, bei denen sternförmige Kreisel parallel zum Boden laufen und an denen Rechzinken hängen, die das Schwaden übernehmen, wurden von JF-Stoll erstmals vorgestellt.

Von der Heugabel zum Ladewagen

Wenn das Heu getrocknet ist, muss es an seinen Bestimmungsort auf den Hof gebracht werden. Die Heuernte war früher oft auch ein gesellschaftliches Ereignis, von dem uns viele Künstler Zeugnis geben. Mit Heugabeln wurde das auf dem Feld ruhende Ernteerzeugnis auf den Leiterwagen hochgeworfen. Das Heu dort so aufzuschichten, dass es nicht wieder herunterrutschte, war eine Kunst, die heute nur noch die wenigsten beherrschen. Am Ende wurde mit dem Weißbaum die Ladung festgemacht und die Ernte eingefahren. Das Ganze war nicht nur

Klassischer Mähbalken, wie er im letzten Jahrhundert an sehr vielen Traktoren zu finden war. Seine Entwicklung bedeutete einen großen Fortschritt in der Erntetechnik.

Dieses Bild zeigt einen Eicher Rekordlader mit Pick-up, gezogen von einem Geräteträger derselben Firma.

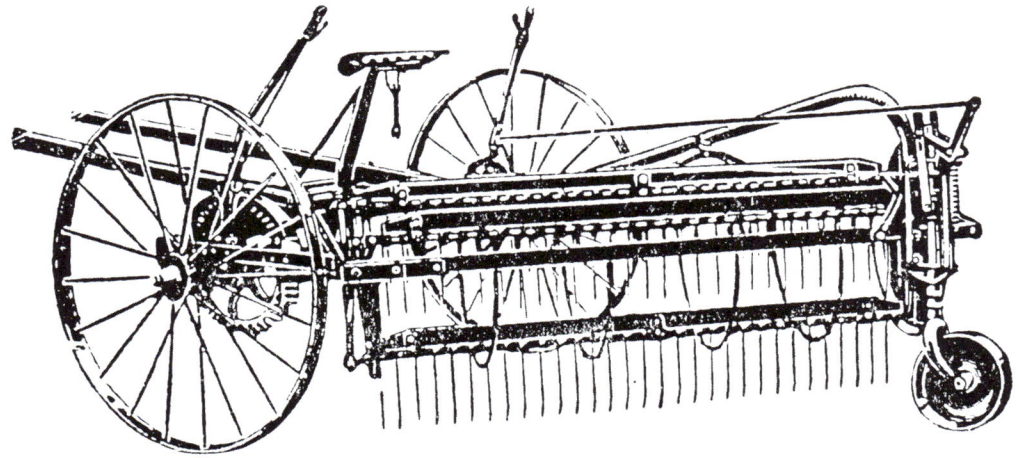

Dieser Schwadrechen mit schräg stehender Trommel stammt von der Firma Fahr aus Gottmadingen.

Lindner Geotrac mit Kreiselzetter. Die moderne Erntetechnik hat besonders im schwierigen Gelände des Alpenraumes in den letzten Jahren herausragende Triumphe gefeiert.

eine sehr anstrengende, sondern auch recht gefährliche Geschichte, denn diejenigen, die oben auf dem Heu zu stehen hatten und die Ladung mit Heugabeln verteilen mussten, mussten immer damit rechnen, hinunterzufallen und sich zu verletzen.

Mit den Feldhäckslern, von denen noch die Rede sein wird, konnte man das Heu klein schneiden und auf einen Wagen werfen lassen. Doch die hierfür vorgesehenen Geräte waren sehr teuer und deshalb für kleine und mittlere Betriebe kaum erschwinglich. Die Feldhäcksler erforderten mehr Zugkraft, als sie die meist mit nur wenigen PS gesegneten Traktoren dieser kleineren Betriebe besaßen. Man sann deshalb auf

weitere Abhilfe. Der Fuderlader war ein Schritt in die richtige Richtung. Das Heu wurde über einen Förderkanal nach oben in den Leiterwagen geschoben. Doch zum Verteilen des Heus auf der Ladefläche war immer noch ein Helfer nötig. Das musste sich einfach verbessern! 1960 war es dann so weit, als der württembergische Landwirt Ernst Weichel auf der DLG-Ausstellung in Köln seine brandneue Erfindung präsentierte: den Ladewagen. Diese Maschine konnte im Einmannbetrieb eingesetzt werden.

Das Prinzip war einfach: Zunächst am Wagenende, später und heute an der Spitze des Gefährts, wurde über eine Pick-up-Vorrichtung das Ladegut aufgenommen und durch eine Pressvorrichtung hindurchgeschleust. Das Abladen auf dem Hof geschah unter schwierigen Umständen, weil das Entwirren der langen, angepressten Halme sehr mühsam war. Eine Schneidevorrichtung konnte diesen Missstand beheben. Sie schnitt das Ladegut auf die Länge von etwa 25 Zentimeter zurecht. Mit Hilfe einer speziellen Vorrichtung und mit einem Kratzboden erreichte es Weichel, dass das gesamte Volumen des Wagens optimal ausgenutzt werden konnte.

Diese Fahrzeuge waren ein so großer Erfolg, dass die Hälfte aller landwirtschaftlichen Betriebe auf den Ladewagen umstell-

te. Die Entwicklungsabteilungen der Landmaschinenhersteller gingen einen Schritt weiter und erfanden den selbstfahrenden Ladewagen. Es gab zum Beispiel die Modelle, die in der DDR produziert wurden, oder Projekte wie das Agrobil bei Fendt.

Doch auch in diesem Bereich kann man sehen, wie schnell die Entwicklung der Landmaschinen auch heute noch voranschreitet, denn inzwischen hat sich der Trend in manchen Betrieben wieder umgekehrt und man kommt immer mehr von den Ladewagen ab. Viele Landwirte ziehen inzwischen die Anbaukombination von Frontlader und Ballenpresse in Verbindung mit dem Traktor vor. Dennoch eilt der weltweite Marktführer bei den Ladewagen, die Firma Pöttinger, weiterhin von einem Verkaufsrekord zum nächsten.

Ein wichtiges Produkt zur Ernährung in der Viehhaltung ist siliertes Grünfutter. Rotoren sorgen für eine gleichmäßige Zerkleinerung und damit für eine optimale Verdichtung. Auch eine Entladeautomatik gehört zur Ausstattung. Mit dem Aufkommen der Fahrsilos konnten diese Wagen bestens eingesetzt werden.

Mähbinder

Die Getreideernte gehörte lange Zeit zu den anstrengendsten Arbeiten in der Landwirtschaft. Jahrtausendelang wurde diese Arbeit mit dem einfachsten Werkzeug verrichtet, meist mit einer Sichel. Bei dieser Tätigkeit musste sich der Schnitter niederbeugen, ein Büschel Getreidehalme in die Hand nehmen und sie dicht oberhalb des Bodens abschneiden. Andere Erntehelfer, die dem Schnitter folgten, hatten die Aufgabe, das geschnittene Getreide in Garben zu binden und diese zum Nachreifen und Trocknen zusammenzustellen. Eine Erleichterung stellte die Getreidesense mit dem Korb dar.

Es handelte sich dabei um eine Sense mit einer Art Gerüst, das zum Auffangen des geschnittenen Getreides diente. Der Schnitter konnte aufrecht stehend beide Hände zum Schneiden benutzen. Das Getreide im Korb konnte zum Binden auf den Boden gelegt werden.

Es ist kein Wunder, dass man bald versuchte, die schwere Erntearbeit zu vereinfachen. Schon der römische Historiker Plinius der Ältere wusste vom sogenannten „gallischen Mäher" zu berichten. Dieses Gerät bestand aus einem Karren mit Zähnen an der Vorderseite. Der Mäher wurde von einem Ochsen oder einem Esel geschoben. Eine Person war für das Lenken und Antreiben des Tieres verantwortlich, eine andere Person drückte das Getreide gegen die Zahnreihe, woraufhin es in den Karren fiel.

Der „gallische Mäher" wurde im 4. Jahrhundert wieder vergessen. Erst im 19. Jahrhundert gelangen wieder wirkliche Fortschritte in der Mechanisierung der Getreideernte. Der Schotte Patrick Bell war der Erste, der eine brauchbare Mähmaschine konstruierte. Der Bell'sche Mäher besaß schon eine Art Mähbalken. Allerdings setzte sich die Maschine nicht durch, da sie zum einen nicht zuverlässig genug war und andererseits zumindest in Europa noch genügend billige Arbeitskräfte in der Landwirtschaft

Der Kreiselschwader SwatMaster 3521 von Deutz-Fahr an einem Agrolux-Traktor wird von Kverneland produziert.

verfügbar waren. Anders sah die Situation in den USA aus. Erntehelfer waren schwer zu bekommen, und der Einsatz von Maschinen war auf den großen Feldern sowieso rentabler. Cyrus McCormick gilt als derjenige, der dem Getreidemäher zum Durchbruch verhalf. Es war nicht nur sein Erfindungsreichtum, der ihm zu seinem Erfolg verhalf, sondern auch sein Geschäftssinn und Glück.

Im Laufe der Zeit wurde der Getreidemäher zuverlässiger und kostengünstiger, aber das Binden der Garben musste noch immer von Hand erledigt werden. Viele dachten, dass diese Tätigkeit zu kompliziert wäre, um jemals von einer Maschine übernommen werden zu können. Aber 1872 bot Charles Withington McCormick einen von ihm entwickelten automatischen Knoter an. Diese Vorrichtung bündelte das geschnittene Getreide und band es mit einem Draht zusammen. McCormick übernahm damals den Knoter. Der Draht stellte allerdings ein Problem dar, denn er konnte auf den Boden fallen und von Tieren verschluckt werden, die Hände der Arbeiter verletzen oder sogar für das Entstehen von Funken in Getreidemühlen verantwortlich sein.

Ein anderer geschickter Erfinder, John Appleby, wusste, dass die Verwendung von Bindegarn anstelle von

Draht die Lösung war. Nach mehreren Jahren des Experimentierens ließ er sich einen Knoter patentieren. Diesen Appleby-Knoter übernahm der Getreidemäher-Hersteller Deering, McCormicks Hauptkonkurrent. Später bauten auch andere Hersteller Applebys Erfindung in ihre Erntemaschinen ein. Der Mähbinder war geboren.

Mähbinder besaßen meistens auf der rechten Seite ein Schneidewerk. Das Getreide wurde durch eine verstellbare Haspel an den Messerbalken herangezogen. Das Schnittgut fiel auf ein Fördertuch, durch das es auf einen Bindetisch mit einem Knüpfapparat befördert wurde. Der Knüpfapparat blieb das komplizierteste und anfälligste Teil des Mähbinders. Dies erkannte August Claas aus Harsewinkel, dem es gelang, entscheidende Verbesserungen vorzunehmen. 1921 erhielt er ein Patent auf seinen Knoter. Der Claas-Knoter wurde oft nachträglich in Mähbinder anderer Hersteller eingebaut.

In Deutschland setzten sich die Mähbinder bedeutend später durch als in Nordamerika, da die Landwirtschaft vor allem im Süden und im Westen von kleinen Betrieben geprägt war. Er war bis Ende der 1960er-Jahre in Deutschland verbreitet und wurde dann durch die Mähdrescher verdrängt.

Dieser Krupp-Mähbinder ist für den Betrieb mit einem Traktor gedacht und wird mit der Zapfwelle angetrieben.

Dreschmaschinen

Das Dreschen des Getreides, das heißt, das Trennen der Getreidekörner vom Stroh, gehörte vor der Mechanisierung zu den mühseligsten Arbeiten in der Landwirtschaft. Das abgemähte Getreide wurde meist eingefahren und in einer Scheune gelagert. Wenn es die Zeit erlaubte, wurde es dann gedroschen. Dazu benutzte man lange Zeit noch den Flegel oder von Tieren gezogene Schlitten und Walzen. Das Getreide musste zudem noch von Spreu, Staub und Unkrautsamen gereinigt werden. Dazu warf man mit der Schaufel die Getreidekörner gegen den Wind, wodurch die unerwünschten leichteren Teile verweht wurden. Das Dreschen war eine personalintensive Tätigkeit, und der Drescherlohn stellte einen nicht unbedeutenden Kostenfaktor für den Landwirt dar. Eine technische Erleichterung dieser Arbeit zu finden, lag deshalb sehr in seinem Interesse.

Die Erfindung der Dreschmaschine wird dem schottischen Mechaniker und Mühlenbauer Andrew Meikle (1719–1811) zugeschrieben. Das genaue Jahr seiner Erfindung ist unbekannt. Aber er scheint 1788 ein Patent dafür bekommen zu haben. Vermutlich gab es schon andere Entwürfe von Dreschmaschinen, auf die sich Meikle bei seiner Konstruktion stützte.

Die von der Dreschmaschine ausgehende Arbeitserleichterung wurde aber nicht von allen Seiten begrüßt. Manche Landarbeiter sahen ihre Existenzgrundlage gefährdet. In Südengland kam es deshalb 1831 zu gewaltsamen Unruhen, die vom Militär niedergeworfen wurden und die zu mehreren Todesurteilen führten.

Ein Vorteil für den Landwirt war nicht nur die Arbeitsersparnis, sondern auch ein besserer Reindrusch, das heißt, es gingen weniger Körner verloren. Die Dreschmaschinen

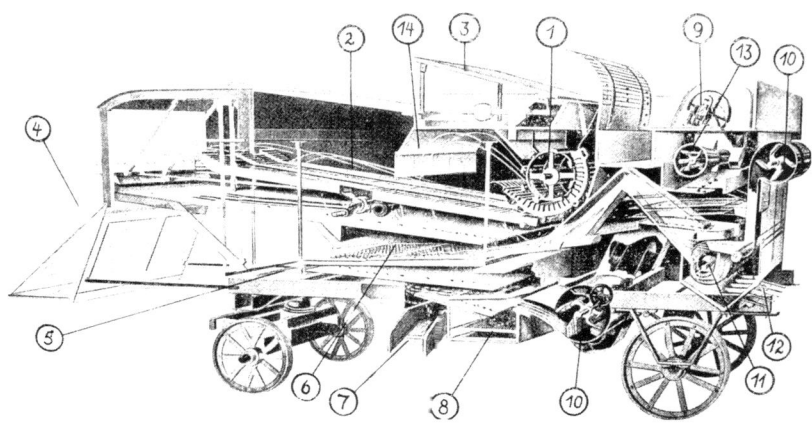

wurden anfangs mittels menschlicher oder tierischer Kraft über einen Göpel angetrieben. Später wurden auf großen Betrieben auch Dampfmaschinen oder Lokomobile dafür eingesetzt. Die maschinelle Antriebskraft hatte zudem den Vorteil, dass das Ausdreschen auf dem freien Feld, unmittelbar nach der Ernte vorgenommen werden konnte. Das Zwischenlagern in der Scheune und die damit verbundenen Verluste entfielen. Noch später, als die Dörfer an das Stromnetz angeschlossen worden waren, konnte die Dreschmaschine auf dem Hof mit einem fahrbaren Elektromotor angetrieben werden.

Bei den Dreschmaschinen unterschied man zwischen Stiftendreschern und Schlagleistendreschern. Die Stiftendrescher besaßen eine mit Stiften versehene Trommel, die sich innerhalb eines ebenfalls mit Stiften ausgestatteten Korbes drehte. Die Garben wurden der Länge nach, mit den Ähren voran, in die Maschine eingeführt, weshalb man auch von Schmaldreschern sprach. Die Körner wurden aus den Ähren gestreift, wenn das Stroh zwischen die Stifte des Korbs und die Stifte der Trommel gelangte. Der Abstand zwischen Korb und Trommel war verstellbar. Zu geringer Abstand konnte die Körner beschädigen, zu großer hatte einen schlechten Ausdrusch zur Folge.

Querschnitt durch eine Schlagleistendreschmaschine: Dreschtrommel (1), Schüttler (2), Einlegetisch (3), Langstrohauswurf (4), Kurzstrohauswurf (5), Graepelsieb (6), Spreuauswurf (7), Unkraut- und Sandauswurf (8), Becherelevator (9), Ventilator (10), Sortierzylinder (11), Absackstutzen (12), Entgranner (13) und Spritztuch (14).

Eine alte Schlüter-Dresch-maschine steht zwischen den großen Schlüter-Trak-toren.

Querschnitt durch einen gezogenen Mähdrescher: Schlepper mit Zapfwelle (1), Dreschtrommel (2), Schüttler (3), Strohpresse (4), Reinigung (5), Körnerschnecke (6), Pressenantrieb (7), Kornelevator (8), Sortierzylinder (9), Absackstutzen (10), Gebläse (11), Förderschnecke (12), Schüttler- und Siebantrieb (13) und Spreuwanne mit Gebläse (14).

Bei den Schlagleistendreschern oder Breitdreschern wurden die Ähren parallel oder schräg zur Trommel eingelegt. Die Trommel war breiter als beim Schmaldrescher und war anstatt mit Stiften mit glatten, scharfkantigen Schlagleisten versehen. Der Korb, in dem sich die Trommel drehte, war mit gerippten Leisten ausgestattet. Die Körner wurden aus den Ähren gerissen, wenn sie zwischen die Schlagleisten gerieten. Es ist diese Technik, die auch heute noch bei den Mähdreschern eingesetzt wird.

Die aus den Ähren gelösten Körner fielen durch den Korb auf ein Sieb oder ein Geblä-se, das zur Reinigung diente. Das Stroh wurde aus der Trommel herausgeschleudert und gelangte auf einen Schüttler, wo die noch vorhandenen Körner herausgeschüttelt wurden. Zusätzlich gab es noch Auffang-

tücher und Auffangbleche, mit denen die über den Schüttler hinweggeschleuderten Körner aufgefangen wurden. Bei der ersten Reinigung wurden die Körner von der Spreu getrennt. Ein weiteres Sieb sorgte dafür, dass Sand und Unkrautsamen entfernt wurden. Danach konnte das Getreide dem Entgrannen und einer zweiten Reinigung zugeführt werden. Schließlich gab es noch einen Sortierzylinder, der die Körner nach ihrer Größe sortierte und sie den Sack-ausläufen zuführte, wo sie abgesackt werden konnten. Mit dem Aufkommen der Mähdrescher erübrigten sich die Dresch-maschinen genauso wie die Mähbinder.

Mähdrescher

Mäher und Drescher kombiniert

Die Getreidemäher und Dreschmaschinen brachten eine Arbeitserleichterung und Kostenersparnis mit sich, die ihren Sieges-zug unaufhaltsam machte. Um die Arbeit noch weiter zu rationalisieren, wurde in den großen landwirtschaftlichen Betrieben un-mittelbar nach dem Mähen noch auf dem Feld gedroschen. Aber wenn man schon für beide Tätigkeiten Maschinen besaß, so frag-ten sich einige erfindungsreiche Personen, warum sollte man diese nicht miteinander zu einer einzigen Maschine kombinieren, zu einem „Mähdrescher"?

Als Erfinder des Mähdreschers gilt der Nordamerikaner Hiram Moore aus Climax, Michigan. Er und sein Unterstützer, John Hascall, hatten schon 1836 ein Patent auf eine Kombination von Mäher und Drescher erhalten, vier Jahre bevor McCormick seinen ersten Getreidemäher verkaufte. Moores Mähdrescher besaß an der Vorderseite eine Walze mit hervorstehenden Stiften, die das Getreide zum Mähwerk zog. Sobald das Ge-treide abgeschnitten war, wurde es von einem Dreschzylinder bearbeitet. Dahinter

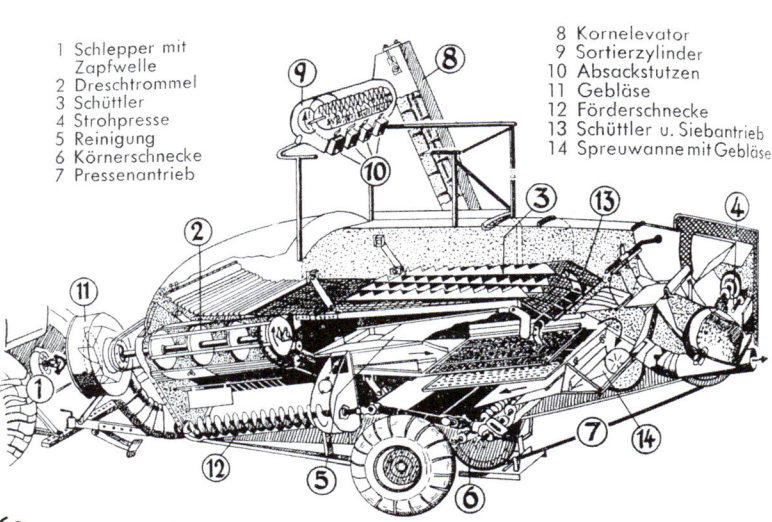

1 Schlepper mit Zapfwelle
2 Dreschtrommel
3 Schüttler
4 Strohpresse
5 Reinigung
6 Körnerschnecke
7 Pressenantrieb

8 Kornelevator
9 Sortierzylinder
10 Absackstutzen
11 Gebläse
12 Förderschnecke
13 Schüttler u. Siebantrieb
14 Spreuwanne mit Gebläse

befand sich ein vibrierendes Sieb, durch das die Körner fielen. Das Stroh rutschte durch die Vibrationen weiter und fiel hinter der Maschine zu Boden. Die Körner wurden durch ein Gebläse von der Spreu befreit und in einen Sack befördert.

Bedenkt man, welche Probleme McCormick und Hussey zu dieser Zeit noch mit ihren Mähern hatten, so kann man nicht erwarten, dass Moores Mähdrescher problemlos arbeiteten. Die Maschine war ein Ungetüm: Der Antrieb für die Mäh- und Dreschvorrichtungen erfolgte über Räder, die einen Durchmesser von ungefähr drei Metern hatten, und zum Ziehen brauchte man zwanzig Pferde!

Der Mähdrescher wird serienreif

Der kommerzielle Erfolg blieb aus, und Moore gab sein Mähdrescher-Projekt wieder auf. Aber eine nach seinem Modell gebaute Maschine wurde 1854 auf ein Schiff verladen und über Kap Horn nach Kalifornien transportiert. Dort wurden mehrere Versuche unternommen, die Erntemaschine weiterzuentwickeln. Stockton in Kalifornien wurde zur „Welthauptstadt der Mähdrescher" ernannt. Daniel Best und Benjamin Holt, die wir schon an anderer Stelle kennen gelernt haben, gehörten zu den wichtigsten Pionieren im Mähdrescherbau. Aber auch sie profitierten von der Vorarbeit, die Hiram Moore geleistet hatte. George Stockton Berry war der Erste, der die Pferde durch eine Dampfmaschine als Antriebskraft ersetzte. Da das Stroh, anders als in Europa, nicht zum Einstreuen oder Verfüttern gebraucht wurde, verwendete es Berry gleich für die Dampfmaschine zum Verfeuern. Das Schneidewerk hatte damals schon eine Breite von bis zu zwölf Metern. An einem einzigen Tag schaffte es Berrys Maschine eine Fläche von ungefähr 40 Hektar – falls alles problemlos lief. Auch damals schon musste die Ernte

möglichst schnell eingebracht werden. Deswegen wurden Scheinwerfer eingebaut, mit deren Hilfe die Arbeit auch in der Dunkelheit fortgesetzt werden konnte.

Der Erste Weltkrieg brachte durch den Arbeitskräftemangel einen Aufschwung in der Mähdrescherproduktion in den USA. Die kurz danach eingeführten Traktoren ersetzten die Antriebskraft von Pferden und Dampfmaschinen. 1938 fuhr Massey-Harris mit dem selbstfahrenden Mähdrescher zum Erfolg. 1942 stieg auch International Harvester auf den motorisierten Mähdrescher um, fünf Jahre später folgte John Deere, und 1953 tat Claas das Gleiche in Europa.

Bei uns setzten sich die Mähdrescher bedeutend langsamer durch als in den USA und Kanada. Dies lag nicht nur an der Größe der Felder und der finanziellen Liquidität der landwirtschaftlichen Betriebe, sondern auch an unterschiedlichen Anforderungen. Auf den nordamerikanischen Feldern war das Getreide dünner gesät und das Stroh wurde im Gegensatz zu den europäischen Höfen kaum als Futter oder zum Einstreuen verwendet. Dies erlaubte es, breite Schneide-

Das Stroh wird heute oft nicht mehr zum Einstreuen gebraucht und deshalb, wie bei diesem John-Deere-Mähdrescher, gleich nach dem Dreschvorgang gehäckselt und mit der Spreu verstreut.

Ein moderner Mähdrescher von Deutz-Fahr aus der 56er-Reihe. Die Schnittbreite beträgt bis zu 7,20 Meter und der Motor hat eine Leistung von 313 PS.

werke zu verwenden und das Getreide kurz unterhalb der Ähren abzuschneiden. Die Anforderungen an das Dreschwerk, die Schüttler und die Reinigungsanlage waren deshalb in Europa völlig andere als in Amerika. Hinzu kamen in der Zeit vom Ersten bis zum Zweiten Weltkrieg vor allem in Deutschland politische Wirren und wirtschaftliche Probleme. Nach dem Zweiten Weltkrieg setzten sich die Mähdrescher jedoch schnell durch. 1965 waren in der BRD bereits 130.000 Mähdrescher im Einsatz. Auf 38 Hektar Getreidefläche kam ein Mähdrescher. In den USA kam im Vergleich dazu ein Mähdrescher auf 35 Hektar.

Weiterentwicklung der Mähdreschertechnik

Die Mähdrescher wurden in den folgenden Jahrzehnten größer und ausgereifter. Ein Beispiel für die technische Entwicklung ist das Dreschwerk, das im Prinzip von den Dreschmaschinen übernommen wurde. Es besteht aus einer oder mehreren Dreschtrommeln, die in einem feststehenden siebartigen Dreschkorb rotieren. Die mit Schlagleisten ausgestatteten Trommeln erfassen das Getreide und schleifen es über den Korb. So werden die Körner aus den Fruchtständen gelöst. Die kleinen Teile – dazu gehören die Körner, aber auch Spreu, Staub, Unkrautsamen und Schmutz – fallen durch den

Korb in die Reinigungsanlage. Das Stroh mitsamt den Körnern, die sich noch zwischen den Halmen befinden, werden weiter zu den Schüttlern befördert, wo die restlichen Körner vom Stroh getrennt werden.

Ursprünglich war die Dreschtrommel quer zur Fahrtrichtung eingebaut. Dieses System wird als tangentiales Dreschverfahren bezeichnet, da das Stroh die Trommel an einer Seite berührt. Der Nachteil bei diesem Verfahren ist, dass die Fläche, auf der das Getreide gedroschen wird, relativ klein ist. Man ging deshalb bald dazu über, eine weitere Trommel einzubauen, die das Getreide einem weiteren Dreschvorgang unterzieht.

1975 kamen New Holland und International Harvester mit dem sogenannten Axial-Verfahren auf den Markt. Bei diesem System sind die Trommeln der Länge nach eingebaut, und das Getreide wird parallel zur Trommelachse eingezogen. Durch gewendelte Leisten wird das Dreschgut über die Trommel spiralförmig nach hinten geleitet. Das hat den Vorteil, dass das Stroh über eine längere Strecke über die Abscheidefläche des Korbes gezogen wird. Da beim Axialdrusch eine Abscheidung von 95 bis annähernd 100 Prozent erreicht wird, erübrigt sich auch der Einbau von Schüttlern, deren Aufgabe die Restkornabscheidung aus dem Stroh war. Der Wegfall der Schüttler hat wiederum eine Platzersparnis zur Folge, die für einen größeren Korntank genutzt werden kann. Ein weiterer Vorteil ist, dass die Körner weniger beschädigt werden.

Das Axial-Verfahren wurde von manchen als die bedeutendste Entwicklung im Mähdrescherbau seit der Ausstattung mit dem Verbrennungsmotor angesehen. Aber andere wandten ein, dass das Stroh dadurch einer stärkeren Belastung ausgesetzt sei und zerstückelt werde. Dadurch würde die Reinigungsanlage im Mähdrescher stärker belastet, und außerdem würde das Stroh für die Weiterverwendung als Langstroh unbrauchbar. Diese und andere Gründe sorgten dafür, dass das Tangentialverfahren nicht ausstarb. Manche Hersteller reagierten auf die neue Herausforderung mit einer verbesserten Tangentialtechnik. Deutz-Fahr bietet zum Beispiel bei seiner 54er-Serie ein Tandem-Dreschwerk an, bei dem eine vorgelagerte Tandem-Trommel für eine Vorabscheidung von ungefähr 30 Prozent sorgt. Beim APS-System von Claas befindet sich vor der eigentlichen Dreschtrommel eine Beschleunigertrommel, die das Erntegut mit einer hohen Geschwindigkeit weitergibt. Die dadurch entstehenden Zentrifugalkräfte sorgen für einen hohen Wirkungsgrad.

Als wichtige Entwicklung im Mähdrescherbau sollte die Kabine nicht vergessen werden. Bei den Mähdreschern der ersten Nachkriegsjahrzehnte saß der Fahrer im Freien. Er war nicht nur ungeschützt der Witterung, sondern auch der erheblichen Staubbelastung ausgesetzt. Die ersten Kabinen schützten zwar davor, waren aber noch ohne Klimaanlage gebaut, sodass der Fahrer an heißen Sommertagen wie in einem Brutkasten saß.

Bald sahen die Landwirte ein, dass nicht jeder einen eigenen Mähdrescher brauchte, sondern dass es rentabler ist, einen Lohnunternehmer für die Arbeit zu engagieren. Dies führte dazu, dass die Mähdrescher für längere Einsatzzeiten konstruiert wurden und den Fahrern mehr Komfort boten. Die Kabine mit Klimaanlage ist heute Standard.

Häcksler

Der Häcksler ist eine landwirtschaftliche Maschine, die sich erst nach dem Zweiten Weltkrieg mit dem Aufkommen der Silage als Futter für Milchkühe und Mastbullen durchgesetzt hat. Er dient vor allem zur Ernte von Gras und Mais zum Silieren.

Die ersten Häcksler wurden schon Anfang des 19. Jahrhunderts in England gebaut. Es handelte sich dabei um einfache, mit der Hand betriebene Geräte. Für größere Maschinen fehlte vorerst noch der Bedarf. Solange das Gras wuchs, wurde das Vieh damit gefüttert, und für den Winter lagerte man Heu und Rüben. Wenn das Futter knapp wurde, verfütterte man auch Stroh. In neuerer Zeit setzte sich aber die Silage als Lagerung von Futter durch, weil man damit dem Wetterrisiko entging. Im Flachsilo wurde das Halmgut luftdicht konserviert. Anschließend konnte es portionsweise verfüttert werden. Ein weiterer Vorteil des Häckselns und Silierens ist, dass es weniger arbeitsintensiv ist als die Heuernte.

In Deutschland unternahm der Landmaschinenhersteller Friedrich Segler 1942 in der Nähe von Schlawe, in Pommern, erste Versuche mit einem Feldhäcksler. Aber erst nach dem Zweiten Weltkrieg, als Traktoren als Zug- und Antriebskraft zunehmend verfügbar waren, gewann die Entwicklung von Feldhäckslern an Fahrt. Eine Pionierrolle spielte dabei Ködel & Böhm. Die wachsende Verbreitung dieser Maschinen ging einher mit der Ausbreitung des Maisanbaus.

Die ersten Häcksler-Modelle wurden über die Dreipunktaufhängung am Traktor befestigt oder gezogen. Der Antrieb erfolgte über die Zapfwelle. Doch die Maisfelder wurden immer größer, und die Ernte verlangte den Traktoren immer mehr Leistung ab. Wie bei den Mähdreschern, so wurde auch bei den

Dieser John-Deere-Häcksler nimmt das Gras mit einem Pick-up auf und befördert es nach dem Häckseln über den Auswurfturm auf den Ladewagen.

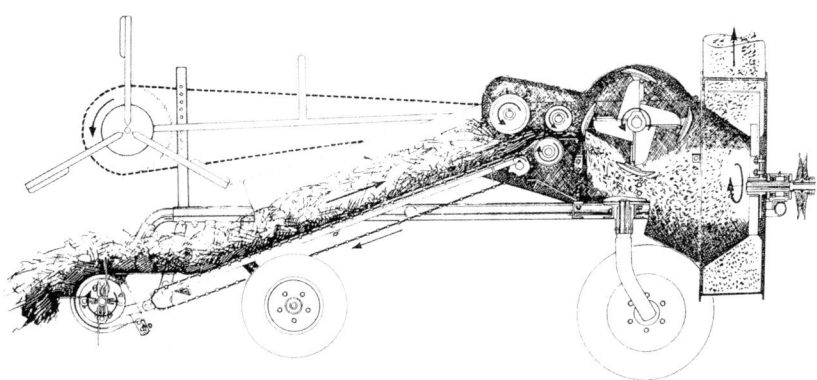

Schema eines Häckslers aus den fünfziger Jahren.

Häckslern bald der Ruf nach Selbstfahrern laut. Die ersten selbstfahrenden Feldhäcksler wurden nicht von Herstellern, sondern von findigen Landmaschinen-händlern und Lohnunternehmern gebaut. Sie nahmen die Aggregate von gezogenen Häckslern und montierten sie an Mäh-drescher. Die Selbstfahrer waren schneller und manövrierfähiger als die angehängten Maschinen. Bei den gezogenen Häckslern musste vor dem Einsatz erst eine Gasse ins Maisfeld geschnitten werden, damit der Traktor dort fahren konnte. Dies erübrigte sich bei den Selbstfahrern.

Feldhäcksler mähen das Erntegut mit Vorsatzgeräten und führen es dann dem eigentlichen Häckselaggregat zu. Dort wird es von einer schnell rotierenden Trommel zerkleinert, die normalerweise mit zwanzig bis fünfzig Messern bestückt ist. Die Länge des Schnittguts lässt sich durch die Umdrehungszahl der Trommel beeinflussen. Ein Gebläse oder Auswurfbeschleuniger wirft das Schnittgut auf einen Wagen, der entweder am Selbstfahrer hängt oder von einem parallel fahrenden Traktor gezogen wird.

Mittlerweile ist der Feldhäcksler zur am stärksten motorisierten Landmaschine geworden. Der derzeit stärkste Feldhäcksler ist der Big X 1000 von Krone mit einer Nennleistung von 987 PS. Eine ähnliches Wachstum verzeichnete die Schneidewerks-breite, die heute bis zu zehn Meter erreicht.

Angesichts ihrer Größe und Leistungsfähig-keit kosten die Feldhäcksler mittlerweile einen stattlichen Preis, den sich ein Land-wirt mit durchschnittlicher Betriebsgröße nicht mehr leisten kann. Wie bei den Mäh-dreschern hat sich daher auch hier die Ein-sicht durchgesetzt, dass nicht jeder Betrieb einen Häcksler braucht, sondern dass es günstiger ist, einen Lohnunternehmer zu engagieren.

Anfangs diente das Häckseln nur zur Ernte von Futterpflanzen, wie Gras, Luzerne (Alfalfa) und Mais. Zunehmend gewinnen aber auch Pflanzen an Bedeutung, die sich zur Erzeugung von Energie verwenden las-sen. Für diese Aufgaben gibt es verschiede-ne Vorsätze und spezielles Zubehör.

Ballenpressen

Heu wurde bei der Ernte lange Zeit lose auf den Wagen geladen und zur Lagerung in Scheunen transportiert. Ähnlich sah es beim Stroh aus. Entweder wurde das Getreide auf dem Feld gedroschen und das Stroh dann weggefahren, oder die Garben wurden in der Scheune gelagert und später gedroschen. Der Arbeitsaufwand war in jedem Fall groß. Man kam aber schon früh auf die Idee, Heu und Stroh in Ballen zu binden, um es leich-ter transportieren zu können. Günstiger für die Lagerung wäre es gewesen, wenn man das Erntegut zusammenpressen hätte kön-nen. Die ersten stationären Pressen wurden schon Mitte des 19. Jahrhunderts in Amerika gebaut, setzten sich aber erst Jahrzehnte später durch.

1890 baute Laaß in Magdeburg die erste Strohpresse in Deutschland. Bald folgten andere Hersteller. Die Pressen wurden an-fangs noch mit einem Göpel angetrieben, später verwendete man Dampfmaschinen und stationäre Motoren. Die Pressen stan-den oft hinter den Dreschmaschinen, um das Stroh nach dem Druscn gleich zu pressen und abzutransportieren. Zum Binden wurde in der Anfangszeit Draht verwendet, womit aber die Gefahr verbunden war, dass er ins Heu oder Stroh geraten und vom Vieh verschluckt werden könnte. Die Verwendung von Bindegarn brachte hier die Lösung, aber Draht wurde noch lange für große Ballen verwendet.

Eine große Arbeitserleichterung brachten die Pick-up-Pressen Anfang der 1940er-Jahre, die das Stroh und das Heu selbstständig aufnahmen. Zum Ziehen dieser Maschinen war Pferdekraft aber nicht geeignet, weswegen es nicht verwundert, dass sie sich zuerst in den Ländern durchsetzten, in denen auch Traktoren vorhanden waren. In den 1950er-Jahren nahm die Zahl der Pressen auch in Deutschland sprunghaft zu.

Eine weitere Arbeitserleichterung brachten die Laderutschen, mit denen die Quaderballen von der Presse auf den angehängten Wagen geschoben wurden. In den 1970er-Jahren setzten sich die hydraulisch angetriebenen Ballenschleudern durch. Mit dieser Vorrichtung wurden die Ballen auf den Wagen geschleudert und man kam dem Ziel, die Arbeit mit möglichst wenig Personen zu erledigen, noch näher.

Eine Revolution in der Erntetechnik stellte die Einführung der Rundballenpressen dar. Angeblich kam schon 1910 ein Farmer und Erfinder in Nebraska auf die Idee, das Heu mittels einer Maschine in große Ballen zu drehen und zu binden, aber erst 1940 übernahm der Landmaschinen- und Traktorenhersteller Allis Chalmers dessen Idee und Patent. Nach erfolgreichen Tests begann das Unternehmen mit der Serienfertigung. Aber die Roto-Baller, wie die Maschinen hießen, erfreuten sich nur mäßigen Erfolgs und wurden 1960 eingestellt. Der Durchbruch in der Rundballentechnik gelang 1972 dem Unternehmen Vermeer in Iowa. Heu oder Stroh

wurde in der Presskammer zu Ballen aufgerollt und gepresst. Die Technik hat sich praktisch bei allen Herstellern von Rundballenpressen durchgesetzt. Man unterscheidet das Pressen mit variabler Kammer durch gummibesetzte Riemen und das Pressen mit Festkammer durch Stahlrollen. Die Rundballen haben gewöhnlich eine Breite von 1,2 Metern und einen Durchmesser von bis zu zwei Metern.

Seit ihrer Einführung in den 1970er-Jahren haben sich die Rundballenpressen unaufhaltsam verbreitet. Einer der Hauptgründe dafür ist, dass die Arbeit nun von einer Person erledigt werden kann. Die Ballen können nach dem Pressen mit Hilfe des Frontladers auf einen Wagen geladen und abtransportiert werden. Zum Verfüttern können sie in den Stall befördert und dort entrollt werden.

Eine neue Entwicklung ist das Verwenden der Rundballenpressen für die Silage. Dabei wird das angewelkte Gras gepresst und anschließend von einem Ballenwickelgerät mit einer PVC-Folie umwickelt. Dadurch findet eine Gärung ähnlich wie in einem Silo statt. Die umwickelten Ballen können auf der Wiese gelagert und bei Bedarf zur Verfütterung in den Stall gefahren werden. Mittlerweile gibt es auch Ballenpressen, die ein integriertes Wickelgerät enthalten.

Zwei Fendt-Rundballenpressen bei der gemeinsamen Arbeit.

Albert Mößmer wurde 1958 in Dachau geboren.
Seine ersten Erfahrungen mit der Landwirtschaft sammelte er auf dem Anwesen seiner Eltern im Landkreis Freising. Nach einer technischen Ausbildung war er mehrere Jahre im Maschinenbau tätig. In dieser Zeit entdeckte er seine Begeisterung für klassische Traktoren und Landmaschinen, deren Geschichte und technische Entwicklung ihn bis heute faszinieren. Der Wirtschafts- und Sozialwissenschaftler ist als selbstständiger Webentwickler und IT-Berater tätig. Von Albert Mößmer sind im GeraMond Verlag bereits erschienen: „Das große Buch der Traktoren", „Eicher – Das Typenbuch", „Fendt – Das Typenbuch" und „Deutz – Das Typenbuch".

Bildquellenverzeichnis

AGCO: 30, 34, 36 u., 39, 40, 41 o., 41 u., 42 o., 42 u., 43, 44, 45, 46, 47, 48, 49, 50, 51 o., 51 u., 52 o., 52 u., 53, 54, 55, 56, 59, 60, 100, 101 u., 110, 117 o., 122 u., 124, 125, 126, 149, 153 u., 165

Albert Mößmer: 23 u., 28 o., 31 u., 93, 99 u., 120 o., 129, 130 u., 131, 143 u., 151 u., 154 o., 160 o.

Amazone: 61 o., 61 u., 62, 63 o., 63 u., 64 o., 64 u., 65, 66, 67, 68, 69, 70, 71

Bautz: 72

Case New Holland: 73 o., 73 u., 74, 75 o., 75 u., 76

Claas: 8, 37, 77, 78, 79 o., 79 u., 80 o., 80 u., 82 ,83, 84, 85 o., 85 u., 86, 87, 88

Dampfpflugfabrik A. Wolf: 23 o.

Dechentreiter: 115 o., 115 u., 116

Deutz-Fahr: 29, 32, 35, 81, 89, 90 o., 89 u., 92 o., 92 u., 101 o., 104 o., 104 u., 117 u., 147, 148, 157, 162

Eicher: 154 u.

Epple und Buxbaum: 98 o., 98 u.

Hagedorn: 94 o., 94 u.

John Deere: 36 o., 111 o., 111 u., 112 o., 112 u., 113, 114 o., 114 u., 161, 163

Köckerling: 103

Krone: 105 o., 105 u.

Kuhn: 106 o., 106 u., 107, 108

Kverneland: 109 o., 109 u.

Lanz: 26

Library of Congress: 19 u., 20

Lindner: 156 u.

Meyers Konversationslexikon, 4. Aufl., 1888: 145, 154

Mörtl: 120 u.

Pöttinger: 122 o., 123 o., 123 u.

Roemer, Dr. Th. (Hrsg.), Handbuch der Landwirtschaft, 3. Band. (Verlagsbuchhandlung Paul Parey, Berlin, 1930): 158

Sammlung A. Mößmer: 13, 14, 15, 16 o., 16 u., 17, 27 o., 28 o., 28 u., 57, 58, 95, 97, 99 o., 102, 121, 127 o., 127 u., 128 o., 128 u., 130 o., 134, 135 u., 137 o., 137 u., 146 o., 146 u., 148 u., 150 o., 153 o.

Schiestl, Rudolf: 12

Schindler, Dr. Leopold (Hrsg.). Die Landwirtschaft, Band 1 (Bayerischer Landwirtschaftsverlag, München, 1953): 10 o., 19 o., 27 u., 133, 140 o., 144, 152 u., 159, 160 u.

Späth, Chr.: 96, 99 u.

Wölfer, Dr. Th. (Hrsg.). Schlipfs praktisches Handbuch der Landwirtschaft (Verlagsbuchhandlung Paul Parey, Berlin, 1922): 10 u., 11 o., 11 u., 18, 140 u., 141, 142, 143 o., 150 u., 151 o., 152 o., 156 o.

Väderstad: 132 o.

Vogel & Noot: 133 o.

Voigt, Martin (Pixelio) 33, 136

Wisconsin Historical Society 21, 22